2018 年 6 月 22 日，罗仙平在武汉第九届全国矿产资源综合利用学术会议暨矿冶绿色发展高峰论坛上作报告

2018 年 11 月 9 日，罗仙平在南京全国绿色智能矿山建设高层论坛上作报告

2019 年 5 月 11 日，罗仙平在西安第一届浮选技术研讨会上作报告

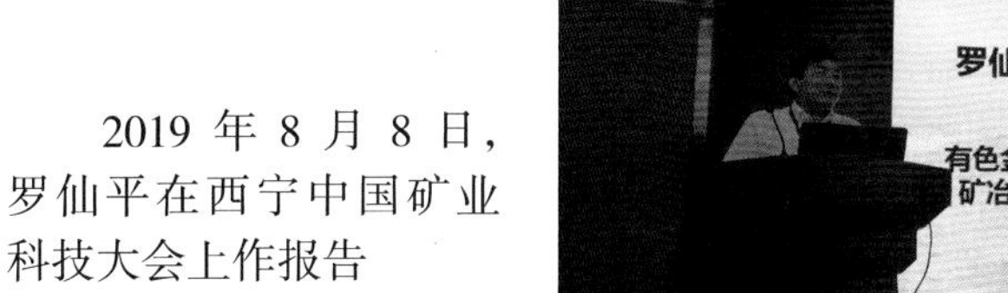
2019 年 8 月 8 日，罗仙平在西宁中国矿业科技大会上作报告

2012年7月19日，罗仙平（右一）与缪建成（右二）在南京银茂铅锌矿业有限公司选矿厂工业试验现场

2014年3月16日，罗仙平（右）与南京银茂铅锌矿业有限公司选矿厂厂长汤成龙（左）在现场交流

2014年4月21日，江西省科技厅组织的成果鉴定会

2018年7月4日，江西省科技厅组织专家到南京银茂铅锌矿业有限公司选矿厂现场考察

2016年4月2日，罗仙平（左三）在锡铁山铅锌矿老选厂现场指导新工艺工业试验

2016年9月24日，罗仙平与团队成员在锡铁山铅锌矿选矿厂与技术人员分析新工业生产应用指标

2016年11月4日，锡铁山选矿厂技术升级改造设计审查

2017年8月4日，罗仙平指导锡铁山新选矿厂建设

2016 年 7 月 10 日，罗仙平（左四）及团队成员在青海门源

2018 年 5 月 3 日，青海省科技厅组织的成果评价会

2018 年 6 月 15 日，原青海省省长、原地质矿产部部长宋瑞祥（中）视察锡铁山新选矿厂

采用新工艺建成的西部矿业股份有限公司锡铁山分公司新选厂

国家科学技术学术著作出版基金
江西理工大学优秀学术著作出版基金 资助出版

铅锌硫化矿高浓度分速浮选工艺与应用

罗仙平 缪建成 王金庆 周贺鹏 著

北京
冶金工业出版社
2021

内容提要

本书以南京银茂栖霞山铅锌矿和青海锡铁山铅锌矿为对象，介绍利用电化学原理与试验方法分析闪锌矿、方铅矿、磁黄铁矿及铁闪锌矿等硫化矿的电化学浮选行为及机理，并重点阐述高浓度环境下铅锌硫化矿浮选行为及浮选动力学行为，浮选粒度及浓度对铅锌硫化矿浮选分离的影响，同时还介绍了高浓度浮选技术提高选矿回收率的工艺参数，以及由此设计的铅锌硫化矿石高浓度分速浮选新工艺及其在生产实践上的应用。本书旨在为铅锌硫化矿石选别指标差、选矿能耗高等实际问题的解决提供技术思路。

本书可供矿业企业的工程技术人员、科研院所的相关人员等阅读，也可作为高等学校矿物加工工程、冶金工程等专业高年级学生及研究生的参考书。

图书在版编目(CIP)数据

铅锌硫化矿高浓度分速浮选工艺与应用/罗仙平等著.—北京：冶金工业出版社，2021.12

ISBN 978-7-5024-8760-7

Ⅰ.①铅…　Ⅱ.①罗…　Ⅲ.①铅锌矿石—浮游选矿　Ⅳ.①TD952

中国版本图书馆 CIP 数据核字(2021)第 276299 号

铅锌硫化矿高浓度分速浮选工艺与应用

出版发行　冶金工业出版社　　**电　话**　(010)64027926
地　址　北京市东城区嵩祝院北巷 39 号　　**邮　编**　100009
网　址　www.mip1953.com　　**电子信箱**　service@mip1953.com

责任编辑　王梦梦　徐银河　美术编辑　彭子赫　版式设计　郑小利
责任校对　李　娜　责任印制　李玉山

北京捷迅佳彩印刷有限公司印刷

2021 年 12 月第 1 版，2021 年 12 月第 1 次印刷

710mm×1000mm　1/16；9.75 印张；2 彩页；187 千字；141 页

定价 99.00 元

投稿电话　(010)64027932　投稿信箱　tougao@cnmip.com.cn
营销中心电话　(010)64044283
冶金工业出版社天猫旗舰店　yjgycbs.tmall.com
(本书如有印装质量问题，本社营销中心负责退换)

前　言

高浓度分速浮选技术是现代硫化矿浮选研究的主要方向之一，也是一种节能、环保、高效、清洁的选矿新技术，铅锌硫化矿高浓度分速浮选技术是重要的研究内容。随着矿产资源日趋贫、细、杂，选别作业难度也日益加大，而随着国民经济的快速发展，对高品质的矿产原料及有色金属的需求量也在不断增加。如何缓解这一矛盾，实现复杂矿产资源的综合利用，保证国民经济的可持续发展，已成为当代浮选技术面临的重大问题之一。正在研究和发展中的高浓度分速浮选新技术，具有分选效率高，选择性好，水耗、能耗与药耗低等优势，是矿物加工领域的重要发展方向。

我国是铅锌资源大国，但资源特点与选矿生产现状不容乐观，特别是随着近年来各主体铅锌矿开采深度不断加深，入选原矿中铅锌品位下降、硫含量急剧升高，各矿山普遍采用的高碱铅锌浮选工艺在生产中出现了一些问题，主要表现在：（1）高碱工艺虽可获得单一高质量的铅、锌精矿，但其浮选作业浓度一般在35%左右，这使铅锌浮选流程延长，浮选设备增多，导致生产能耗居高不下；（2）高碱体系下，金、银等载体矿物受到不同程度抑制，浮选过程中不易在铅、锌精矿（尤其在铅精矿）中富集，影响金、银等的综合回收；（3）高碱体系下，硫铁矿物受深度抑制，后续选硫需添加大量硫酸活化，不仅选矿成本增加，而且活化效率不高，进而影响硫的综合回收；（4）高碱工艺产生的选矿废水，因碱度高、组分复杂，外排危害环境、回用处理成本高。为此，以提高复杂铅锌矿铅锌硫浮选分离效果、高效回收伴生资源，同时又兼顾节能减排为目标进行了多项科技攻关，形成了复杂铅锌硫化矿高浓度分速浮选新工艺技术，该技术解决了长期以来有色金属行业铅锌硫化矿高效清洁分离难、金银硫等伴生资源综合利用率低、选矿废水回用难度大等的技术难题，实现了该类资源高效清洁回收与综合利用新技术的跨越式发展。

本书是作者多年科研成果的汇总，书中全面介绍了铅锌硫化矿高浓度分速浮选新技术，包括铅锌硫化矿物-捕收剂相互作用的电化学机理，高浓度环境下铅锌硫化矿浮选行为、浮选动力学行为，浮选粒度及浓度对铅锌硫化矿浮选分离的影响，高浓度浮选技术提高选矿回收率的工艺。此外，还介绍了铅锌硫化矿高浓度分速浮选工艺小型试验及其在矿业公司的应用。

本书涉及的研究内容先后得到了国家自然科学基金（50704018）、青海省企业研究转化与产业化专项（2016-GX-C9）、青海省重大科技专项项目（2018-GX-A7）与江西省科技厅国家科技奖后备项目培育计划项目（20192AEI91003）等项目的资助，同时还得到了南京银茂铅锌矿业有限公司、西部矿业集团有限公司等单位的大力支持。江西省矿业工程重点实验室、江西省矿冶环境污染控制重点实验室、青海省高原矿物加工工程与综合利用重点实验室、青海省有色矿产资源工程技术研究中心、江西理工大学有色金属矿产资源绿色开发与矿冶环境保护技术研究团队相关老师与科技人员对本书的完成给予了很大的帮助，作者罗仙平指导的几位研究生程琍琍、周贺鹏、何丽萍、周跃、付丹、王笑蕾、张建超、杜显彦、王虎、翁存建、王金庆、王鹏程、张永兵等为本书实验开展与书稿数据整理做出了重要贡献。南京银茂铅锌矿业有限公司、西部矿业股份有限公司锡铁山分公司等为现场工业试验研究和新工艺的产业化提供了大力帮助，这些单位的领导、工程技术人员与工人都付出了辛勤劳动。本书的出版还得到了国家科学技术学术著作出版基金与江西理工大学优秀学术著作出版基金的支持，作者在此一并表示衷心的感谢！

由于水平和时间所限，书中不妥之处，恳请读者批评指正！

作　者

2021 年 6 月

目　　录

主要符号及物理意义

符号	物理意义	单位
pH	矿浆酸碱度	
SHE	标准氢标电位	mV 或 V
E_h	矿浆电位	mV 或 V
$E^\ominus$	标准电极电位	mV 或 V
E	电极电位	mV 或 V
T	温度	K
F	法拉第常数	96500C/mol
n	化学反应转移的电子数	个
[O]	氧化态物质的活度	
[R]	还原态物质的活度	
$\Delta G^\ominus$	化学反应的标准吉布斯自由能	J
R	回收率	%
C	浮选浓度	%

1 绪　　言

1.1 铅锌矿石高效选矿技术的需求

1.1.1 铅锌矿石资源现状

1.1.1.1 世界铅锌矿产资源现状

铅锌多形成共生矿床，并伴生有银、硫、铁、锰等有价金属元素，有时也会形成铜、铅、锌、银共伴生矿床。世界范围内，约有30%的铅产自以铅为主的矿床，近70%的铅产自以锌为主的矿床。另有部分铅与铜、银等其他金属伴生。锌则大部分产自以锌为主的矿床，少量与铜、铅、银伴生。全球范围内铅锌资源较为丰富，除南极洲未发现外，各大洲均有分布。根据2020年美国地质调查局（USGS）数据，世界已查明铅资源量超过20亿吨，储量9000万吨；锌资源量超过19亿吨，储量25000万吨。全球铅锌主要分布在澳大利亚、中国、俄罗斯、墨西哥、秘鲁、哈萨克斯坦、美国、印度、波兰、加拿大。全球铅锌储量大于5000万吨的国家有澳大利亚和中国；1000万~5000万吨的国家有俄罗斯、墨西哥、秘鲁、哈萨克斯坦、美国、印度、波兰；500万~1000万吨的国家有加拿大、玻利维亚、瑞典（见表1-1）。澳大利亚、中国、俄罗斯、墨西哥、秘鲁五国铅锌储量合计占世界铅储量超过70%。

铅锌矿类型分类方案繁多，但在主要类型划分方面意见基本一致。目前全球已发现和查明的主要类型有（沉积岩溶矿的海底）喷流沉积型（SEDEX）、火山块状硫化物型（VMS）、密西西比河谷型（碳酸盐岩溶矿的后生沉积矿床，MVT）3大类。选取保有资源储量前300名的铅锌矿床进行统计，3种类型分别占总资源储量的52%、14%、13%，合计占总资源储量的79%。此外，斑岩型、矽卡岩型、热液型等分别占总资源储量的5%、5%、3%。其他类型如铁氧化物铜-金型（IOCG）、花岗岩型、黑色页岩型伴生的铅锌矿床等占8%。目前全球铅锌金属资源储量超过1000万吨的铅锌矿床主要包括朝鲜Komdok、澳大利亚Mt Isa、加拿大Selwyn、澳大利亚McArthur River、俄罗斯Kholodninskoye、伊朗Mehdiabad、中国火烧云、南非Gamsberg、美国Red Dog、印度Rampura Agucha以及中国云南兰坪金顶铅锌矿等。

表 1-1　世界主要国家铅锌资源储量表

排名	国家	铅储量/万吨	世界占比/%	排名	国家	锌储量/万吨	世界占比/%
1	澳大利亚	3600	40.0	1	澳大利亚	6800	27.2
2	中国	1800	20.0	2	中国	4400	17.6
3	俄罗斯	640	7.1	3	俄罗斯	2200	8.8
4	秘鲁	630	7.0	4	墨西哥	2200	8.8
5	墨西哥	560	6.2	5	秘鲁	1900	7.6
6	美国	500	5.6	6	哈萨克斯坦	1200	4.8
7	印度	250	2.8	7	美国	1100	4.4
8	哈萨克斯坦	200	2.2	8	印度	750	3.0
9	玻利维亚	160	1.8	9	玻利维亚	480	1.9
10	瑞典	110	1.2	10	瑞典	360	1.4
11	土耳其	86	1.0	11	加拿大	220	0.9
12	其他国家	500	5.1	12	其他国家	3400	13.6
世界铅资源总储量/万吨		9000		世界锌资源总储量/万吨		25000	

数据来源：USGS MCS 2020。

1.1.1.2　我国铅锌矿的储量与分布

我国铅锌矿产资源丰富，铅锌矿查明资源量仅次于澳大利亚，居世界第二位，依据中国矿产资源报告（2020 年），铅资源量约 1 亿吨，锌资源量约 2 亿吨。我国铅锌矿资源分布广泛，目前，已有 29 个省（区、市）发现并勘查了铅锌资源，但从富集程度和现保有储量来看，主要集中在云南、内蒙古、甘肃、广东、湖南、四川、广西等 7 个省（区），合计约占全国总储量的 66%。从三大经济地区分布来看，主要集中于中西部地区，铅锌矿储量在三大经济地带分布比例分别为：东部沿海地区，铅占 26.2%，锌占 25.2%；中部地区，铅占 30.8%，锌占 30.7%；西部地区，铅占 43%，锌占 44.1%。重要矿床主要有广东凡口、广西大厂、江西冷水坑、江苏栖霞山、湖南水口山、云南金顶、四川大梁子、甘肃厂坝、新疆可可塔勒、青海锡铁山、内蒙古东升庙等。铅锌矿的产地相对集中于南岭地区、三江地区、秦岭—祁连山地区、狼山—渣尔泰地区。我国铅锌矿床分布的主要特点表现为部分不均一性，即为呈群呈带的分布特点。朱裕生（2004 年）将我国划分为 16 个成矿省，其中铅锌矿主要集中分布在华南铅锌成矿省、上扬子铅锌成矿省、下扬子铅锌成矿省、三江铅锌成矿省、内蒙古—大兴安岭铅锌成矿省、秦岭—大别铅锌成矿省、祁连铅锌成矿省、华北陆块北缘铅锌成矿省、天山北山铅锌成矿省、阿尔泰—准噶尔铅锌成矿省等。我国主要铅锌矿山类型分布见表 1-2。

表 1-2 全国主要铅锌矿分布

铅锌矿床	西北	华北	东北	西南	中南	华东	小计
（火山）-沉积变质型	彩霞山	甲生盘、高板河	红透山①			西裘式①	6
火山岩型海相	锡铁山、阿舍勒①、白银厂①、小铁山、可可塔勒、石青硐①、洛坝、银洞梁		放牛沟	呷村、老厂、大平掌①		闽中峰岩①	10
火山岩型陆相	大旗山	支家地①、蔡家营、甲乌拉、复兴屯	扎木青、二道河、查干布拉根	姚安、文玉①		冷水坑、五部、大领口、银山	6
矽卡岩型	花牛山、什多龙、黑山石	白音诺尔、特尼格尔图、蔡家营	八家子、翠宏山、桓仁	个旧①、亚贵拉式、铜厂山	水口山、黄沙坪、拉么、桃林		11
层控热液型	厂坝、马元、塔木、西成	东升庙、高板河、获各琦	青城子	会泽、金顶、杉树林	泗顶、凡口	张十八、栖霞山	9
岩浆热液型				林周、白牛厂、北衙	桃林、大厂		5
风化（壳）型	代家庄			榨子厂			1
合计							48

①铅锌矿山中，铅锌仅作为共伴生矿种出现。

1.1.1.3 我国铅锌矿资源特点

我国铅锌矿资源特点如下所示。

(1) 资源丰富，分布地区广，区域不均衡。截至 2020 年，全国铅锌查明资源储量约 3 亿吨，居世界第二位。从矿床富集程度来看，主要集中于云南、内蒙古、甘肃、广东、湖南、四川、广西等省（区），其铅锌资源量占全国总查明资源储量的 66%。超大型、大中型铅锌矿床和铅锌成矿区带主要集中分布在扬子地台周缘地区、三江地区及其西延部分（特别是滇西兰坪）、冈底斯地区、秦岭—祁连山地区、内蒙古狼山—渣尔泰地区、大兴安岭区带以及南岭等地区；从三大经济地区分布来看，主要集中于中西部地区。

(2) 铅锌矿床物质成分复杂，共伴生组分多，贫矿多，富矿少，综合利用价值大。矿石类型多样，主要有硫化铅矿、硫化锌矿、氧化铅矿、氧化锌矿、硫化铅锌矿、氧化铅锌矿以及混合铅锌矿等。以铅为主的矿床主要为铅锌矿床，独立铅矿床较少，以锌为主的矿床也以铅锌矿床和铜锌矿床居多，大多数铅锌矿床普遍共伴生 Cu、Fe、S、Ag、Au、Sn、Sb、Mo、W、Hg、Co、Cd、In、Ga、Se、Ti、Sc 等元素，表现为矿床品位普遍偏低，贫矿多，富矿少。有些矿床伴生元素达 50 多种，特别是银、锗在许多铅锌矿床中含量高，成为铅锌银矿床，银铅锌或锌锗矿床，其银储量占全国银矿总储量的 60%以上，其综合回收银的产量，占全国银产量的 70%~80%，锗的储量和产量也相当可观。

（3）中小型矿床多，大型矿床少。地科院全国矿产资源潜力评价项目对我国铅锌矿产地进行了统计，在全国 2347 处铅锌矿产地中，超大型矿床 7 处，大型矿床 33 处，中型矿床 122 处，小型矿床 535 处，超大型、大型矿床的数量仅占 1.7%，但资源储量却占总资源储量的 74%。

（4）成矿条件优越，找矿潜力大。我国具有良好的铅锌矿成矿条件，既有稳定的地台和地台边缘，又有活动大陆边缘和多类型的造山带，为不同类型铅锌矿床的形成创造了条件。最近几年在东部危机矿山深部和外围找矿与西部工作程度较低的地区不断取得突破，显示了巨大的资源潜力。如东部南岭成矿带的广东凡口超大型铅锌矿床，累计新增 333 铅锌金属量 85 万吨以上；贵州普定县五指山新探明一大型铅锌矿，查明铅锌矿资源量近 60 万吨。

1.1.2 硫化铅锌矿选矿技术的发展

铅锌是用途非常广泛的金属，锌主要用于镀锌、锌合金、黄铜及氧化锌制备等；铅主要用于蓄电池、颜料、氧化铅、电缆包层及铅材等。随科学技术的不断进步，铅锌的需求量不断上升。铅锌的矿石类型有硫化矿、氧化矿和混合矿，其中尤以硫化铅锌矿为重。

早先，在浮选未成为主流选矿方法以前，重选是铅锌矿选矿的唯一方法。如四川会理锌矿在清代至民国年间的矿石采选主要是从采场采出含银的方铅矿，经人工锤碎后进行水选：选矿工人站在水深约 0.6m 的池中，揣装矿竹簸箕浸入水面，手摇动使矿粒随水在簸箕内旋转，银矿粒转动至簸箕周边，废石留中心和矿粒层表面，手捧弃之。经反复多次水中旋选，获得入炉冶炼的银精矿。

浮选技术的产生以及成功应用，极大地改变了选矿的面貌。由于通过药剂可以调节硫化矿表面的润湿性，通过浮选可有效分离因密度差异较小而难以被重选分离的铅锌矿，因此浮选技术逐渐成为铅锌矿选矿的主流技术，尤其是对硫化铅锌矿。由于硫化矿与脉石矿物的浮选分离一般比较容易，因此硫化铅锌矿的浮选主要要解决的是硫化铅矿物与硫化锌矿物，有时还有硫化铁矿物及其他硫化矿物之间的分离问题。

根据方铅矿与闪锌矿的可浮性，在铅锌浮选分离时一般采用的原则是“浮铅抑锌”。这主要是因为方铅矿的可浮性比闪锌矿好，而方铅矿受抑制后难于活化；此外，在大多数硫化铅锌矿中，锌的含量又比铅高，而“浮少抑多”无论是在技术上还是经济上都是比较合理的。

铅、锌、硫多金属矿石浮选一般采用的浮选流程有3种：(1) 混合浮选，包括全混浮流程和部分混浮流程；(2) 等可浮流程；(3) 优先浮选流程。

从浮选工艺的观点看，优先浮选较混合浮选更为有利。优先浮选时，磨矿后，表面新鲜的黄铁矿得到有效的抑制。倘若是混合浮选，在锌矿物和黄铁矿表面均吸附有捕收剂和活化剂，在分离浮选时，若很好地抑制黄铁矿，就必须除去矿物表面的捕收剂，这比在纯净黄铁矿表面受到抑制更加困难。所以优先浮选比混合浮选更有利于锌和硫化铁的分选。在我国铅锌选矿中，根据安泰科2002年公布的数据，采用优先浮选的开采量占总开采量的33.3%，混合浮选占29.2%，等可浮选占20.8%。

1.1.3 铅锌矿选矿技术现状

随着近几十年来对铅锌矿的高强度开采，国内易选的铅锌矿储量急剧减少，难选铅锌矿资源所占的比例越来越大，而同时与国际先进水平相比，我国铅锌矿选矿科技整体水平还不是很高，突出表现在：

(1) 铅锌矿产资源的综合利用率低，选矿总回收率较低。铅、锌两种金属，由于它们的地球化学性质和成矿的地质条件相同或相似，在矿床中常共生在一起；此外，还常伴生有其他金属，如银、铜、金、砷、铋、钼、锑、硒、镉、铟、镓、锗和碲等。因铅锌矿本身就是共生矿，对其的选矿加工就是一个综合利用的问题，随着国内易选铅锌矿石的减少，难处理铅锌矿石的增多，选矿难度的增大，选矿的总回收率有下降的趋势。根据国土资源部1999年组织对矿山考核的三率（采矿回收率、贫化率及选矿回收率）情况看，铅锌矿山三率总回收率为59.09%。

(2) 选矿获得的铅、锌精矿产品质量较低。硫化铅锌分离的方法主要有两大类，即氰化物法和非氰化物法。氰化物法通常是氰化物和其他药剂配合使用，如与$ZnSO_4$配合使用，目前有用$FeSO_4$-NaCN组合药剂代替$ZnSO_4$-NaCN组合药剂抑制闪锌矿的工艺方法在推广应用。随着世界各国越来越严格的环境政策，非氰化物法越来越得到各国研究者重视。非氰化物法主要是采用$ZnSO_4$、H_2SO_3、Na_2SO_3、高锰酸钾、NH_4Cl等无毒化的无机抑制剂抑锌浮铅，也有一些资料报道采用二甲基二硫代氨基甲酸钠、腐殖酸钠等有机抑制剂抑制闪锌矿。但上述方法仅适用于铅锌较易分离的矿石，而对难选硫化铅锌矿石，尤其是对富含有铁闪锌矿的铅锌矿石，采用上述方法则难以得到较理想的铅锌分离效果，突出的表现在于所得的单一铅锌精矿产品质量差，即产品中铅锌互含严重。

(3) 选矿成本高。国内铅锌矿的选矿经过长期的发展，形成了一些典型的工艺，如广东凡口铅锌矿原采用的“高碱细磨”铅锌选矿工艺，是典型的“强压强拉”浮选工艺，此工艺虽取得了较好的分选效果，但由于此工艺在浮铅时采用大量石灰来抑制锌硫等硫化矿，在后续浮锌时将消耗大量活化剂硫酸铜与捕收剂，导致选矿成本居高不下。

（4）采用的浮选药剂与工艺不清洁，对环境的危害大。国内铅锌矿山选矿厂在浮铅时，常采用的捕收剂有乙基、异丙基、丁基、戊基黄药，31 号、238 号、241 号、242 号黑药，后来又发展了苯胺黑药与 Z-200，有的厂还采用中性油作为辅助捕收剂，锌硫等矿物的抑制剂多采用石灰、$ZnSO_4$ 等，少数矿山仍在使用氰化物，如江西银山铅锌矿。一些浮选药剂如苯胺黑药与氰化物等本身就对环境存在危害，另在选矿生产中采用的“强压强拉”浮选工艺药耗大，本身就不符合清洁生产的要求。

综上所述，针对我国铅锌矿产资源的特点，必须大力加强铅锌矿选矿基础理论研究和开发复杂难选铅锌矿石选矿新技术与新工艺。

1.2　硫化矿浮选的历史与发展

1860 年前后，浮选开始应用于矿业生产，一百多年以来，特别是泡沫浮选应用后的 80 多年，浮选工艺及理论有了很大的发展，形成了各种独特技术内容和各种用途的浮选工艺。从对硫化矿体系浮选发展有重要影响和重大意义的角度来考察硫化矿体系浮选工艺的历史，可以认为经历了 4 个阶段，即早期的全油浮选和表层浮选技术、常规捕收剂泡沫浮选、高效捕收剂泡沫浮选及正在发展中的电化学调控浮选。每一个阶段的浮选都有其根本特征和控制参数，浮选理论和分选指标也各不相同。

早期的全油浮选和表层浮选技术，属于较为简单的分选工艺，是利用硫化矿物与脉石矿物天然疏水性的差异进行分选，仅仅用来处理表面未氧化、粗粒易浮和组成简单的硫化矿，并且选矿厂的规模有限。

1925 年黄药和 1926 年黑药应用于浮选以后，硫化矿浮选效果显著提高，这是矿业发展史上最重要的科技成果之一，具有划时代的意义。该项成果标志着有机合成捕收剂开始应用于硫化矿的工业浮选，硫化矿的浮选进入了捕收剂泡沫浮选阶段。随矿产资源日趋贫、细、杂，综合利用和环保要求不断提高，这对浮选工艺提出了新的要求。

黄药、黑药等捕收剂已不能完全适应矿业生产的发展。20 世纪 60 年代以来，除继续使用这些捕收剂外，人们研制了硫胺酯、氨基黄原酸腈酯、黄原酸酯等一系列高效捕收剂，它们属于非离子型极性捕收剂。这类药剂具有用量小，捕收能力强，特别是选择性高，兼具多种功能的特点，从而使浮选药剂制度更为简单，分选效率提高，药剂用量只为黄药类捕收剂的 1/30～1/3。

在研制高效药剂的同时，人们也开始改革硫化矿浮选工艺，提出电位调控浮选技术。20 世纪 50 年代人们已经认识到，硫化矿浮选过程涉及电化学原理，且氧在硫化矿浮选中扮演着重要角色，对此的深入研究发展成了硫化矿浮选电化学这一研究领域，即用现代电化学理论和测试方法，研究氧在硫化矿浮选中的重要作用。研究发现在硫化矿-液相界面上的涉及电荷传递转移的反应，硫化矿的浮选实质是一系列氧化还原反应的综合结果。这些氧化还原反应包括：硫化矿的氧化、捕收剂的氧化以及氧的还原。而这一系列氧化还原反应的结果又与硫化矿/矿浆界面电位有着密切关系，不同的界面电位导致不同的表面产物。随即把电位的调节和控制引入浮选过程，用以控制硫化矿的浮选和分离。

电位调控浮选的主要特征是将矿浆电位作为一个参数，和矿浆 pH 值、药剂浓度一起控制硫化矿物表面的反应，使其疏水化或亲水化，从而达到浮选分离的目的。这种技术具有高分选效率、低药剂用量的优点，极限条件下，还可以实现无捕收剂浮选，可以实现复杂细粒硫化矿的分选。

可以预言，对硫化矿电位调控浮选技术的深入研究将为提高矿物分选效率、降低药剂无谓消耗，提高复杂硫化矿浮选和分离过程的选择性提供新的有效的方法，并将逐步成为今后硫化矿浮选技术的竞争目标。

1.3 硫化矿浮选电化学理论研究进展

硫化矿物一般是掺杂的半导体，具有较好的半导体性质，在浮选过程中，其表面除了进行化学反应以外，还有硫化矿物、捕收剂及氧化剂之间的氧化还原反应。硫化矿物表面的亲水和疏水过程包含了电化学过程，因此矿浆电位可控制硫化矿物的浮选和分离，电位作为一个参数引入到浮选过程。硫化矿浮选电化学理论主要研究硫化矿物在浮选体系中，硫化矿物-溶液界面的电化学反应，主要内容是：药剂（主要是捕收剂）在矿物表面的电化学反应；矿物表面静电位对药剂作用的影响；矿浆电位对浮选过程的影响。

（1）捕收剂-硫化矿物的电化学反应。浮选过程中，当黄药等捕收剂在硫化矿物表面接触时，捕收剂在矿物表面的阳极区被氧化，氧气（氧化剂）则在阴极区被还原；硫化矿物本身也可能被氧化。

（2）静电位对浮选过程电化学反应的影响。当处于溶液介质中的硫化矿物表面在无净电流通过时的电极电位定义为该矿物在此溶液中的静电位（rest potential）。一般而言，只有当那些矿物-捕收剂溶液静电位大于相应的双黄药生成的可逆电位时，黄药类捕收剂才会在其表面氧化；在静电位低的硫化矿物表面，则形成黄原酸金属盐。这个结论同样适应于硫氮类和黑药类捕收剂。

（3）矿浆电位对浮选的影响。硫化矿物在浮选矿浆中发生了一系列的氧化还原反应，当所有的这些反应达到动态平衡时，溶液所测得的平衡电位，称为混合电位，通常所说的矿浆电位就是混合电位。改变矿浆电位，可以改变硫化矿物表面和溶液中的氧化还原反应，从而严重影响浮选过程。

硫化矿浮选理论的发展，总是伴随着浮选工艺进步进行的，每一次理论上的新进展又会促使浮选技术的巨大进步。硫化矿浮选电化学的基础研究和对浮选过程更科学的理解，使硫化矿选择性浮选的过程得到新的发展。

1.3.1 无捕收剂浮选电化学理论

硫化矿无捕收剂浮选技术是20世纪70年代发展起来的。自20世纪初，在工业上已进行了各种形式的无捕收剂浮选实践。Gaudin认为，早在古希腊时期就进行了无捕收剂表层浮选。1979年澳大利亚学者发表了“The natural flotability of chalcopyrite”和“An electrochemical investigation of the natural flotabilty of chalcopyrite”两篇论文，把硫化矿的无捕收剂浮选行为与矿浆电位联系起来，标志着硫化矿无捕收剂浮选电化学研究的开始，他们对长期有争论的硫化矿天然可浮性问题作出了合理的解释。20世纪80年代以来，国内以王淀佐院士为代表对硫化矿无捕收剂浮选进行了深入的研究，将硫化矿的无捕收剂可浮性进行了分类，分为第Ⅰ类无捕收剂可浮性即自诱导可浮性；第Ⅱ类无捕收剂可浮性即硫化钠诱导可浮性。这个划分使硫化矿无捕收剂可浮性与辉铜矿、雄黄等硫化矿物的天然可浮性区分开来。

第Ⅰ类无捕收剂浮选的机理如下：硫化矿物（如方铜矿、黄铜矿等）表面由于自身的氧化产生疏水性物质，如S^0等，导致其无捕收剂可浮。

$$MS \longrightarrow M^{2+} + S^0 + 2e \tag{1-1}$$

电化学测试及ESCA表面分析支持了式（1-1）这种观点。也有人认为硫化矿表面氧化形成的缺金属富硫化合物是导致其无捕收剂浮选的疏水物质。第Ⅰ类无捕收剂可浮性受硫化矿-溶液界面电位及矿浆电位的控制。对黄铜矿、黄铁矿、方铅矿及闪锌矿等矿物的研究结果表明硫化矿物第Ⅰ类无捕收剂可浮性需要合适的氧化环境，氧气和矿浆的适度氧化有利于黄铜矿等硫化矿物的第Ⅰ类无捕收剂浮选。

对HS^-在硫化矿物表面作用的研究，发展形成了硫化矿物的第Ⅱ类无捕收剂浮选。HS^-在某些硫化矿物（如黄铁矿、毒砂等）表面氧化形成S^0并吸附于其表面，促进了硫化矿物的无捕收剂浮选，这种可浮性称之为第Ⅱ类无捕收剂可浮性。

$$2HS^- \longrightarrow 2H^+ + S^0 + 2e \tag{1-2}$$

HS^-的这种作用在许多的研究中相继得到证实；同时由于HS^-的加入降低了浮选矿浆电位，抑制了某些硫化矿物的无捕收剂浮选，如黄铜矿等，这些硫化矿物第Ⅱ类无捕收剂可浮性较差。

1.3.2 捕收剂与硫化矿物相互作用的电化学

有关硫化矿与捕收剂的作用机理，近年来进行了大量的研究。Yoon 等人认为，黄药在硫化矿中的作用包括化学吸附、电化学作用、催化作用和易位转换 4 种形式。

王淀佐用量子化学 CNDO/2 方法研究了方铅矿和黄铁矿的氧化与浮选剂，根据矿物电子结构特征，描述了方铅矿浮选的离子交换机理和黄铁矿浮选的双黄药分子吸附机理，并认为氧无论是对硫化矿的有捕收剂浮选还是无捕收剂浮选均起决定性作用。

矿物捕收机理是浮选理论的中心问题。国内外学者把硫化矿表面静电位与捕收剂在其表面生成产物联系起来的混合电位模型的建立，形成硫化矿浮选电化学的基本理论。所谓混合电位就是在同一电极上两个或两个以上独立的阳极反应或阴极反应，当阴阳两极电流大小相等、方向相反时，建立的稳定电位。

在混合电位下，捕收剂与硫化矿物的反应可表示为：

$$4X^-+O_2+2H_2O \xlongequal{} 4X_{\text{吸附}}+4OH^- \quad (1\text{-}3)$$

$$MS+2X^-+1/2O_2+H_2O \xlongequal{} MX_2+S^0+2OH^- \quad (1\text{-}4)$$

$$MS+2X^-+2O_2 \xlongequal{} MX_2+SO_4^{2-} \quad (1\text{-}5)$$

$$4X^-+O_2+2H_2O \xlongequal{} 2X_2+4OH^- \quad (1\text{-}6)$$

浮选体系中，硫化矿物表面静电位 E_{ms} 如果比捕收剂离子氧化成二聚物的可逆电位 $E_{(X^-/X_2)}$ 高，则硫化矿表面疏水产物为二聚物，反之，则其表面疏水产物为捕收剂金属盐。表 1-3 给出了几种硫化矿物在乙黄药溶液中表面静电位大小及其乙黄药在其表面作用产物的类型，与混合电位模型是一致的。

表 1-3 在乙黄药溶液中硫化矿物表面静电位与反应产物

硫化矿物	静电位 E_{ms}(vs. SHE)/V	表面产物
方铅矿（PbS）	0.06	MX_2
斑铜矿（$CuFeS_4$）	0.06	MX_2
黄铁矿（FeS_2）	0.22	X_2
黄铜矿（$CuFeS_2$）	0.14	X_2
辉钼矿（MoS_2）	0.16	X_2
磁黄铁矿（$FeS_{1.13}$）	0.21	X_2
砷黄铁矿（FeAsS）	0.22	X_2

注：黄药的平衡电位为 0.13V。

1.3.3 浮选调整剂的电化学

1.3.3.1 Cu^{2+}活化硫化矿物的电化学

利用铜离子活化硫化矿是浮选中常用的手段。闪锌矿中有铁以类质同象混入且当铁含量超过6%时，称为铁闪锌矿[$(Zn_xFe_{1-x})S$]。用常规浮选工艺分离铁闪锌矿与硫铁矿比较困难，选别指标也不够理想。对Cu^{2+}、Pb^{2+}活化闪锌矿的相关研究较多，这些研究基本说明了Cu^{2+}、Pb^{2+}等重金属离子活化闪锌矿的机理。但对铁闪锌矿活化的研究，文献还不多见。

根据金属腐蚀混合电位模型和半导体电化学理论模型，它们可能分别对应着铁闪锌矿氧化成缺Fe富硫（S^0）表层和$Fe(OH)_3$、硫酸根离子（SO_4^{2-}）表层，其反应式为：

$$(Zn_xFe_{1-x})S \longrightarrow xZnS + (1-x)Fe^{3+} + (1-x)S^0_{2(\text{晶格})} + (1-x)e \quad (1\text{-}7)$$

$$(Zn_xFe_{1-x})S + (n+m)H_2O + h^+(\text{半导体空穴}) \longrightarrow Zn_xFe_{1-x}(OH)_nS_2(OH)_m + (n+m)H^+ \quad (1\text{-}8)$$

$$Zn_xFe_{1-x}(OH)_nS_2(OH)_m \longrightarrow (1-x)Fe(OH)_3 + xZn(OH)_2 + 2SO_4^{2-} + 12e \quad (1\text{-}9)$$

一方面，表面羟基化作用增强后，铁闪锌矿表面晶格中富硫层的稳定性变差；另一方面，Fe^{3+}的催化作用容易使S^0氧化成SO_4^{2-}。铁闪锌矿在碱性条件下将表现出活化难的特点。

对于铁闪锌矿的铜离子活化机制，Wood、Young 建构了 $Cu\text{-}S\text{-}H_2O$ 体系的 E_h-pH 图，反应式如下：

$$C_1:\ CuS + H^+ + 2e \longrightarrow Cu_2S + HS^- \quad (1\text{-}10)$$

$$C_2:\ Cu_2S + H^+ + 2e \longrightarrow 2Cu + HS^- \quad (1\text{-}11)$$

$$A_1:\ 2Cu + HS^- \longrightarrow Cu_2S + H^+ + 2e \quad (1\text{-}12)$$

$$A_2:\ Cu_2S + H_2O \longrightarrow CuS + CuO + 2H^+ + 2e \quad (1\text{-}13)$$

$$A_3:\ CuS + H_2O \longrightarrow S\cdot CuO + 2H^+ + 2e \quad (1\text{-}14)$$

$$A_4:\ S\cdot CuO + 4H_2O \longrightarrow CuO + SO_4^{2-} + 8H^+ + 6e \quad (1\text{-}15)$$

因此，在开路条件下Cu^{2+}活化铁闪锌矿，电极表面活化产物主要是CuS。

此外，余润兰等人还研究了活化电位及pH值对Cu^{2+}活化铁闪锌矿的影响，发现Cu^{2+}活化铁闪锌矿的活化产物为Cu_nS，高电位下为CuS，而低电位下为Cu_2S，随电位的变化，n在1~2变化。适当降低电位有利于改善活化效果。pH值为11的石灰介质中，电位高于+322mV后活化将变得困难。

1.3.3.2 硫化矿浮选与抑制的电化学

根据硫化矿物与黄药类捕收剂相互作用的电化学机理和混合电位模型，硫化矿物、捕收剂、氧气三者的相互作用如图1-1所示。

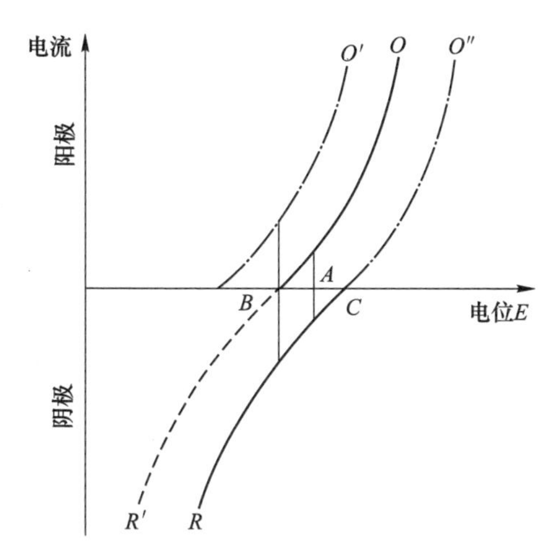

图 1-1 硫化矿物浮选与抑制的混合电位变化示意图

A 为实际的混合电位，此时阳极与阴极电流大小相等，方向相反。通过如下方式调整混合电位可实现强化或抑制浮选。

（1）当加入还原剂，如亚硫酸钠、SO_2 气体等，或减少矿浆中氧气的含量，氧的还原电流降低，还原曲线 *R* 变为 *R′*，混合电位由 *A* 移至 *B*。表示氧化反应难以进行，捕收剂不能在矿物表面形成疏水产物，浮选受到抑制。

（2）当捕收剂与矿物作用的氧化电位较高时，氧化曲线移至 *O″*线，混合电位移至 *C*，捕收剂的氧化困难，浮选受到抑制。

（3）若捕收剂的氧化电流上升，曲线变为 *O′*，新的混合电位 *B* 较 *A* 有更大的电流，提高捕收剂浓度或采用长链烃基的捕收剂，可促进浮选。

（4）浮选过程中加入比捕收剂更易氧化的药剂，则与氧气发生反应，氧化曲线为 *O′*，混合电位为 *B*，此时，捕收剂不能被氧化，浮选明显受到抑制。

（5）矿物的氧化曲线为 *O″*，则矿物优先氧化形成亲水物质，捕收剂难以在矿物表面反应，浮选受到抑制。

通过对硫化矿浮选电化学的详细研究，王淀佐院士提出了三种抑制方式为：捕收剂及矿物表面作用的电化学调控；矿物表面 MX 的阳极氧化分解及矿物表面 X_2 的阴极还原解吸。石灰、氰化物、HS^- 等均可以作为硫化矿浮选的抑制剂。pH 值升高，可加速黄铁矿、磁黄铁矿等矿物的表面氧化，使其浮选得到抑制。对混合浮选精矿的分离，其抑制也涉及了电化学过程。凡是能去除预选吸附在硫化矿表面的疏水性捕收剂产物的药剂，都可以作为抑制剂使用。

从电化学理论出发，抑制剂可以分为两类，第一类是还原剂，在还原条件下，硫化矿表面疏水性产物还原脱附解吸，抑制矿物浮选。

$$MX_2 + S^0 \longrightarrow MS + 2X^- + 2e \tag{1-16}$$

或

$$X_2 \longrightarrow 2X^- + 2e \tag{1-17}$$

第二类是氧化剂，使得预先吸附在硫化矿物表面的捕收剂金属盐在氧化条件下解吸，反应机理见式（1-18）。

$$MX_2 + 2H_2O \longrightarrow M(OH)_2 + X_2 + 2H^+ + 2e \tag{1-18}$$

Woods 等人根据矿物表面电化学过程的混合电位观点，提出矿物抑制的 6 种机理：

（1）强化矿物的阳极氧化，使之比捕收剂的阳极氧化更为迅速；

（2）引入一个比捕收剂氧化过程更容易进行的另一种阳极氧化反应；

（3）抑制捕收剂的阳极氧化过程；

（4）在矿物表面形成一种足以阻碍捕收剂与其接触的表面覆盖物；

（5）减少介质中溶氧的浓度；

（6）抑制氧的阴极氧化过程。

陈建华在研究了黄药与硫化矿物作用时的半导体能带变化及浮选与抑制机理后认为，通过改变矿物的费米能级或边缘能级这两种途径，可控制矿物-捕收剂膜的吸附与解吸，从而实现硫化矿物的浮选与抑制。

1.4　硫化矿电位调控浮选应用研究现状

近 20 多年来，人们对硫化矿浮选过程电化学机理的研究逐渐深入，发现浮选不仅与矿浆的 pH 值有关，而且与矿浆电位有密切关系，电位调控在浮选中具有重要的意义。电位调控浮选是综合运用电化学、量子化学、电极过程动力学于硫化矿浮选过程而形成的崭新的理论体系，新理论对浮选过程更深入、更科学的理解，使复杂硫化矿物高选择性高精度浮选和分离过程有了新的发展。在电位调控浮选应用研究过程中，先后开发出采用外加电极和使用氧化-还原药剂两种电位调控方法。

1.4.1　外加电极调控电位

采用外加电极调控电位的方法无论是在实验室还是在工业实践中均取得了一定成功，由于该法排除了化学因素对硫化矿物浮选的影响，可以得出硫化矿物浮选行为与电位的单一依赖关系，故在浮选电化学的理论研究过程中发挥了重要作用。在国外，采用外加电极调控电位已经在芬兰的一些镍矿、铜铅锌矿以及苏联的某铜镍、铜锌、铜铅矿获得一定应用。但是，整体而言，采用该法调控电位目前还没有完全解决电控浮选的设备问题。

设计电化学反应器：浮选矿浆是简单的颗粒电极，颗粒电极不能压至像压紧的薄层电极那样高的物料（矿浆）密度。整块电极的电流效率为 100%，薄层电极的电流效率估计为 80%~90%，而颗粒电极保守地估计是 10%~20%。因此，不能用传统的浮选槽作为电化学反应器，即采用外加电极调控电位必须重新设计浮选设备。

安全的工业恒电位仪：在实验室中，典型的调节电流数量级是 10~50mA，持续至少 1min，将该电流放大到中等规模的选厂（5000t/d），意味着电流将达到 10^4A 左右。为使工作电极（浮选矿浆）电位维持在设定值（通常小于 1V），需要加一个电位，维持外加电位的电流会使参比电极和辅助电极电位差高达 100V，这样的电源不得不进行安全处理。而现有选厂的浮选设备都是在钢结构上安装，因此采用外加电极调控电位要求对现有浮选设备进行改造和重新安装。

比例放大倍数：要使外控电位从实验室走向工业生产，在槽电流或电流密度等方面的放大工作还需进行具体而细致的研究。

1.4.2 氧化-还原药剂调控矿浆电位

氧化-还原药剂调控矿浆电位有两种方法。一种是通过矿浆中氧气的活性，矿浆中氧气的活性随着浮选气体的氧含量变化——氮富集则降低活性，氧富集则提高活性；另一种是通过添加适宜的氧化剂（使得电位更正）和还原剂（使用电位更负）。

澳大利亚 Woodcutters 铅锌铁硫化矿，浮选方铅矿时，以异丁基黄药为捕收剂，以 NaCN 和 $ZnSO_4$ 为抑制剂，加入连二亚硫酸钠和双氧水调控浆电位，使矿浆电位稳定在 200mV 左右，此时方铅矿浮选的选择性最好，在此电位时，加入 $CuSO_4$ 活化闪锌矿，也最理想。

D. W. 克拉克等人通过充氮和硫化调浆来提高硫化铜矿物浮选回收率。他们认为用氮气排除氧气增强了新硫化物表面形成的效率，使得氧化的矿粒或表面被污染的矿粒可被回收。

C. J. Martin 等人用氮气浮游含黄铁矿的多金属硫化矿，经氮气调节后，黄铁矿的浮游性大大增强。这种现象被应用在一种异常的闪锌矿/黄铁矿分选过程中。氮的作用机理其认为可能是基于两种硫化矿物之间的相互作用。

目前来说，电位调控浮选在应用方面也存在许多问题。用外加电极调控电位法，其最大困难就是处于浮选体系的高度分散的矿粒导电性差，难以使矿粒均匀达到所需要的电极电位。用氧化-还原药剂调控矿浆电位，由于浮选是一个敞开体系，充气浮选时，不断带入空气中的氧气，使电位难以调节至还原状态，增大药剂消耗，同时存在使矿浆组分复杂、药品消耗补偿等带来的问题。

1.4.3 铅锌硫化矿电位调控浮选工艺

浮选电化学是通过矿浆电位匹配，调节矿浆电位，从而使矿物疏水和亲水的一种电化学反应过程，因此，合理调控矿物浮选环境的矿浆电位，可以有效实现矿物浮选与分离的目的。Salamy、Nixon 最早采用电化学分析了捕收剂与矿物作用后生成产物的机理，后来很多研究者针对硫化矿浮选电化学的三大问题开展了大量相关研究，研究发现这三大问题均和矿浆的氧化还原作用有关。通过对电位调控浮选实际研究发现，“外加电极调控电位法”和“氧化-还原调控矿浆电位”均存在一定弊端，其工业应用受到限制。而原生电位调控浮选是以磨矿-浮选矿浆中固有的氧化-还原反应行为所产生的矿浆电位变化为基础，调控浮选工艺操作因素，从而实现适于各硫化矿物有效分选的矿浆电位区间，并改善矿物浮选过程，最终达到各目的矿物分离的目的，其工业应用前景广阔。池金屏等人采用原生电位浮选工艺处理某铅锌矿，其工艺特点在于通过提高石灰用量和调整石灰添加作业点，从而稳定了浮选矿浆 pH 值与电位环境，并添加锌和磁黄铁矿的高效抑制剂，使铅、锌精矿品位和回收率均得到大幅提升。笔者采用电位调控优先浮选工艺处理以黄铁矿、闪锌矿、铁闪锌矿和方铅矿为主的硫化矿，用石灰控制矿浆 pH 值及电位，采用乙硫氮作铅捕收剂，（硫酸锌+YN）作锌硫强力抑制剂优先浮铅，采用硫酸铜活化锌矿物后，以黄药作捕收剂浮锌，闭路实验指标优良。笔者还通过控制浮选矿浆 pH 值和电位至最佳区间范围，从而实现了某难选铅锌硫化矿物优先浮选分离，取得较优生产指标。甘永刚通过方铅矿与闪锌矿的纯矿物浮选实验结果，确定了两种矿物的最佳浮选电位区间，实际矿石原生电位调控浮选研究结果表明，控制矿浆中 CaO 含量为 2000～2500g/t，pH 值在 11.5～12.3 范围内，磨矿过程中矿浆电位为−138～−83mV 时，获得铅、锌精矿指标优异。

1.5 高浓度浮选技术的应用进展

矿浆浓度对浮选过程具有重要影响。一方面矿浆浓度影响浮选机的充气性能，例如矿浆浓度在一定范围内增大，气泡升浮受阻，在矿浆内停留时间增长，可提高空气的分散程度和矿浆中气泡的体积浓度，有利于粗粒矿物的浮选；矿浆浓度过大，矿浆中空气分散差，常呈大气泡存在，气泡分布不均匀，大气泡容易升浮逸出，致使矿浆中气泡体积浓度降低，影响浮选回收率和精矿质量。另一方面矿浆浓度还影响浮选体系中的药剂含量、浮选处理能力，以及目的矿物的上浮速度。因此适度提高浮选浓度，可以降低选矿生产用水量，增加液相中药剂的体积浓度，同时增强药剂与矿物间的作用效果，从而降低药剂消耗；提高设备处理能力，减少流程中设备运行台数及装机容量；强化目的矿物浮选速度，特别是粗颗粒矿物上浮速度，提高选矿回收率。有研究发现浮选速度随矿浆浓度的增大而增大，增大程度随反应级数的不同而不同，同一反应级数下，矿浆浓度越高，浮选速度越快。还有研究表明在高浓度浮选环境下，矿物颗粒层中浮起气泡，可以降低矿物颗粒与气泡的相对速度，增加二者的接触时间，进而有效提高粗颗粒矿物与气泡的黏附概率，改善粗颗粒浮选效果。

综上而言，基于高浓度浮选技术表现出的优越性，近年来，选矿工作者逐渐开始研究高浓度浮选技术对选矿指标及选矿过程的影响。

山西某铝土矿选厂通过增加斜板浓密机和浓泥斗对浮选给矿与精选尾矿进行浓缩，提高浮选给矿浓度到50%~70%，工业试验结果表明，在选矿指标相近的前提下，选矿设备处理能力提高了1.8倍，捕收剂用量减少了15%，新水用量减少了20%，达到了节能降耗、选矿增产的目的。刘勇采用高浓度浮选技术处理四川会理难选铅锌矿，在原矿锌品位7.27%、铅品位1.21%的情况下，通过提高浮选浓度至40%，并对选矿药剂制度进行调整，最终获得了铅精矿铅品位54.81%、锌杂质8.24%、铅回收率68.33%的选矿指标，相对现场实际生产铅精矿铅品位提高了0.44%，锌杂质降低了2.71%，铅回收率提高了11.44%，为企业每年创造了337.5万元的经济价值。司家营铁矿因氧化矿石性质波动、生产工艺过程不稳定，在传统浮选浓度35%条件下反浮选回收铁矿物时，选矿处理能力偏低，尾矿铁含量偏高、跑尾严重，张庆丰等人对此提出将给矿浓度提高到55% ~ 63%的高浓度反浮选工艺，解决上述问题，产生了显著的经济效益。沈卫卫等人针对乌拉根铅锌矿低品位混合矿选矿工艺中存在的问题，调整铅锌选矿浮选作业流程及药剂制度，通过降低浮选药剂用量、增强浮选的搅拌强度，提高浮选浓度，实现浓浆浮选，并通过锌粗精矿分级再磨再选和减少铅精选次数，大大提高了铅锌精矿品位及回收率，在原矿铅品位0.30%、锌品位2.81%和锌氧化率23.61%条件下，可获得铅品位52.19%、回收率83.17% 的铅精矿，锌品位56.56%、回收率75.58%的锌精矿，锌精矿含二氧化硅3.93%。

传统铜钼分离工艺粗选矿浆浓度往往较低（25%~30%），不仅导致选矿药剂成本大，同时需要大量的水和电能，而且选别指标低，不能最大限度地发挥选矿设备生产能力，赵明福等人针对某特大型低品位斑岩型铜钼矿石，提高粗选浓度至40%~42%，采用铜钼混合精矿高浓度分离浮选工艺，获得的钼精矿钼回收率较高，同时提高了浮选设备的选矿处理能力。迟永欣针对某高硫铜锌银矿石性质，进行优先浮选试验研究，发现当浮铜尾矿浓度浓缩至45%以上后再进行锌浮选时，获得的锌精矿锌回收率提高了5个百分点左右。

但我国大部分矿山对浮选浓度这一工艺参数未得到有效重视，多数矿山选矿生产中浮选浓度停留在传统的粗选浓度30%~35%的数值范围，后续选别作业浓度更低。这在一定程度上增加了选矿成本及能耗，降低了选矿生产能力，延长了选别流程，同时还影响金属矿物的选矿回收，造成了资源的极度浪费。因此，针对铅锌硫化矿资源特点及现有铅锌选矿技术存在的不足，开发铅锌硫化矿高浓度分速浮选新技术，研究高浓度环境下矿物浮选行为，设计与矿石性质相匹配的高浓度浮选新工艺，对提高铅锌矿石中有价金属资源综合回收、降低选矿能耗、环境保护等具有重大意义，同时该工艺也是一种节能、环保、清洁、高效的选矿新工艺。

硫化铅锌矿的选矿已经进入到一个新的阶段。随着矿产资源日趋贫、细、杂，选别作业难度的加大，以及国民经济的快速发展，对高品质的矿产原料及有色金属需求量的增加，实现难选资源的高效综合利用，则是缓解这一矛盾的重要途径。正在研究和发展中的电位调控浮选新技术，具有选择性好、药剂耗量低，是处理难选铅锌矿资源的重要技术创新。

因此，本书旨在应用电化学浮选和其他相关领域的理论，探讨铅锌矿石的浮选行为和表面作用机理，摸索消除矿浆中难免离子的有效途径，铁闪锌矿与磁黄铁矿浮选分离的规律和影响因素，从理论上逐步完善和丰富硫化矿电位调控浮选新技术，用理论指导和解决铅锌矿石选矿技术在发展过程中遇到的实际问题，结合电化学浮选理论基础，尝试将高浓度分速浮选新技术应用于硫化铅锌矿的选矿生产，以优化生产流程，减少生产成本，适应日趋严格的环境保护要求，并最终提高铅锌矿石选矿的回收率和矿业企业的经济效益。

2　试验试样与研究方法

2.1　试验试样

试验所用矿样直接从南京银茂铅锌矿业有限公司和西部矿业股份有限公司锡铁山分公司两家企业的生产采场采取。在分析矿石性质后，根据实验需要，分别从南京银茂铅锌矿业有限公司与西部矿业股份有限公司锡铁山分公司的采场采取了方铅矿、闪锌矿、黄铁矿和铁闪锌矿、磁黄铁矿等 5 种纯的大块矿石供制备纯矿物。

2.1.1　方铅矿、闪锌矿、铁闪锌矿、黄铁矿与磁黄铁矿纯矿物

试验所用的试样均为天然矿物。几种纯矿物由块矿经手选、瓷球磨、干式筛分，取-0.074+0.043mm 粒级作单矿物浮选试验用，各纯矿物纯度及半导体类型见表 2-1，XRD 物相分析如图 2-1 所示。用于电化学实验研究的硫化矿物电极，方铅矿、黄铁矿和磁黄铁矿由结晶良好的块矿切割制成，闪锌矿和铁闪锌矿电极由-0.043mm 闪锌矿颗粒与石墨粉按 3∶7 比例压制而成。

表 2-1　几种硫化矿纯矿物纯度及半导体类型

矿物名称	矿物纯度/%	半导体类型	产地
方铅矿	96.20	n	青海锡铁山
闪锌矿	94.76	不导电	南京栖霞山
铁闪锌矿	96.89	半导电	青海锡铁山
磁黄铁矿	96.38	p	南京栖霞山
黄铁矿	95.66	p	青海锡铁山

2.1.2　实际矿石试样

实际矿石浮选所用矿样来自南京银茂铅锌矿业有限公司和西部矿业股份有限公司锡铁山分公司。

2.1.2.1　南京银茂铅锌矿业有限公司铅锌矿石

南京栖霞山铅锌硫化矿矿石中矿物组成复杂，其中金属矿物主要有方铅矿、闪锌矿、黄铁矿，含少量黄铜矿、银黝铜矿、白铁矿、磁铁矿等；脉石矿物主要

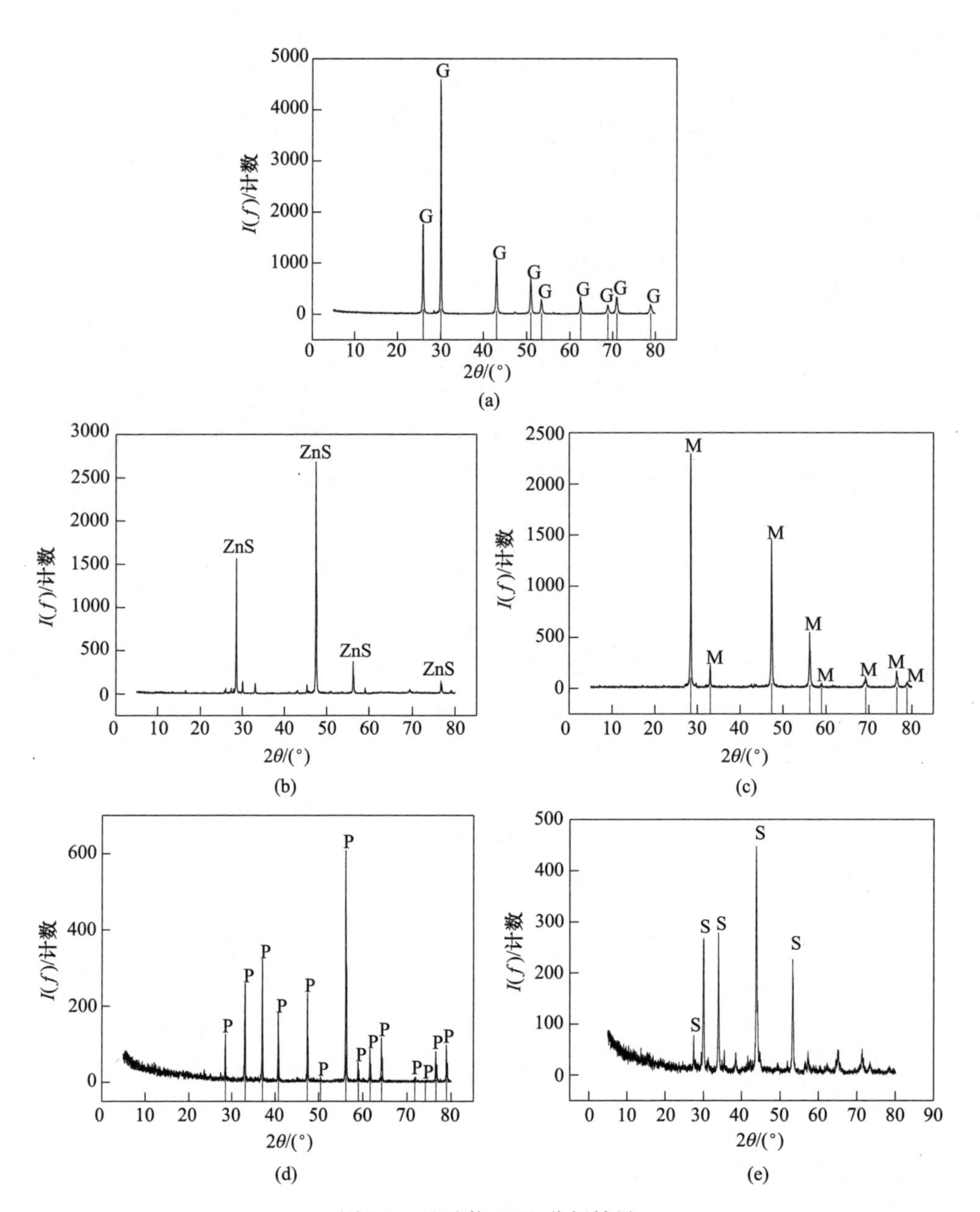

图 2-1 纯矿物 XRD 分析结果
(a) 方铅矿；(b) 闪锌矿；(c) 铁闪锌矿；(d) 黄铁矿；(e) 磁黄铁矿

为石英、绿泥石、绢云母、角闪石、方解石、长石等。矿石结构以他形晶结构、包含结构、交代港湾状结构等为主；矿石构造以块状和浸染状分布为主，其中闪锌矿、黄铜矿、黄铁矿、方铅矿等硫化矿物多组成致密的块状分布，有的方铅矿、闪锌矿、黄铁矿相互间还呈浸染状分布，结构构造复杂。矿石中方铅矿多呈不规则状、短束脉状、星点状等形态分布，多被闪锌矿、脉石矿物包裹；有的也与黄铜矿连生交代，并与闪锌矿、黄铁矿组成致密的集合体；有的方铅矿还呈不规则条带状与闪锌矿连生，并交代黄铁矿呈港湾状分布。闪锌矿多呈团块状、浸染状、网脉状、星点状分布，多被方铅矿穿切交叉；有的闪锌矿还呈不规则状包裹黄铜矿、方铅矿；少数闪锌矿包裹交代磁铁矿、黄铁矿。银矿物赋存形式多样，主要以银黝铜矿、辉银矿、硫金银矿等伴生银形式存在，多呈不规则状被方铅矿、黄铁矿、黄铜矿和闪锌矿包裹，有的还呈不规则状或粒状、星点状充填于方铅矿和闪锌矿裂隙中，有的银矿物还呈微细粒状分布于脉石矿物颗粒或裂隙间。矿石的化学多元素分析结果见表 2-2。

表 2-2　南京银茂铅锌矿业有限公司铅锌矿石多元素分析结果（质量分数）　（%）

元素	Cu	Pb	Zn	Fe	S	Mn
含量	0.12	1.30	3.15	28.88	30.06	2.27
元素	CaO	MgO	Al_2O_3	SiO_2	Ag①	Au①
含量	6.68	1.05	0.56	8.45	80	小于 0.1

①Au、Ag 等的单位为 g/t。

2.1.2.2　青海省锡铁山铅锌矿石

青海锡铁山铅锌矿属于原生硫化铅锌矿石，矿石中金属矿物主要是黄铁矿、铁闪锌矿和方铅矿，还可见少量的磁铁矿、褐铁矿、黄铜矿、磁黄铁矿，偶见极少量的自然金；脉石矿物则以透辉石居多，其次是石英、方解石、绿泥石、角闪石；还有少量的榍石、萤石、石榴石等。方铅矿嵌布粒度较粗，多呈粒状、条带状的大块集合体沿脉石粒间填充。其次为粒度不均匀的粒状、星状方铅矿呈浸染状分布于脉石中，这部分矿物通过破碎、磨矿能与脉石矿物较好解离。铁闪锌矿的嵌布特性与方铅矿大致相同，多呈粒状、块状集合体，但形态较方铅矿复杂，与黄铁矿（交代连生）、黄铜矿（呈乳滴状分布于铁闪锌矿中）连生关系密切，其嵌布粒度属中粒嵌布。矿石的化学多元素分析结果见表 2-3。

表 2-3　青海省锡铁山铅锌矿石多元素分析结果（质量分数）　（%）

元素	Cu	Pb	Zn	Fe	MnO	S	As
含量	0.035	3.00	4.82	24.54	0.24	22.88	0.068
元素	SiO_2	CaO	MgO	Al_2O_3	Cd	Ag①	Au①
含量	22.70	5.14	1.95	5.71	0.037	44.50	0.36

①Au、Ag 等的单位为 g/t。

2.2 研究方法

2.2.1 浮选试验

单矿物浮选试验在 25mL 挂槽式浮选机中进行。每次矿样重 3g 或 16g（对应浮选浓度为 10.7%、39.0%），用 JCX-50W 型超声波清洗机清洗表面 5min 澄清，倒去上面悬浮液，用相应 pH 值的缓冲液冲入 25mL 挂槽浮选机中，根据试验要求加入相应药剂调节矿浆（矿浆 pH 值的调整用盐酸或石灰水溶液，除非另作说明），加起泡剂前，测量矿浆电位。起泡剂丁基醚醇用量为 10mg/L，矿浆电位采用氧化还原剂过硫酸铵和硫代硫酸钠调节，矿浆 pH 值与矿浆电位采用 PHS-3C 精密电位计测量，用铂电极和甘汞电极组成电极对，测量的电位数值均换算为标准氢标电位。浮选时间为 4min。单矿物浮选判据为回收率：

$$R = \frac{m_1}{m_1 + m_2} \times 100\%$$

式中，m_1 与 m_2 分别为泡沫产品和槽内产品质量。

单矿物浮选试验流程如图 2-2 所示。

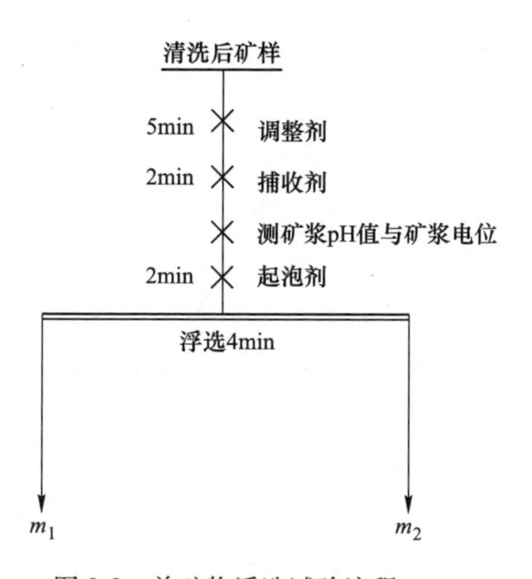

图 2-2　单矿物浮选试验流程

实际矿石实验室小型试验使用 XMQ-240×90 锥形球磨机磨矿，XFD 系列单槽和 XFG 系列挂槽浮选机浮选；试验用水为自来水，试验试剂除捕收剂、起泡剂为工业级外，其他均为分析纯。采用意大利哈纳 pH211A 型酸度离子计测定矿浆 pH 值与矿浆电位，该酸度离子计所配电极为 HI1131B 玻璃复合电极。

实际矿石的工业试验与工业应用在铅锌矿选矿厂进行，所用药剂都是工业级。

2.2.2 矿物 XRD 物相分析与显微照相测试技术

采用玛瑙研磨机将矿样（方铅矿、闪锌矿、铁闪锌矿、黄铁矿、磁黄铁矿）研磨至-5μm 后进行 XRD 衍射分析，取少量矿样进行制片，然后将制好的玻片放入 XRD 衍射仪中进行测试；利用高倍显微镜对矿石中主要矿物嵌布特征进行分析。

2.2.3 电化学测试

2.2.3.1 工作电极

挑选结晶良好的方铅矿，切割后，用不同粒级的砂轮逐级打磨，制成直径为15mm，厚度为 3mm 的圆柱体，放入特制的可旋转的“塑料王”圆柱形电极套中以备测试。

按一定比例分别称取矿粉、分析纯固体石蜡和光谱纯石墨粉，使石墨粉和矿粉充分混合均匀：把固体石蜡置于烧杯中加热熔化后，迅速加入已混合均匀的石墨粉和矿粉，快速搅拌均匀后立即压入制样模型中，马上用压片机压片，在静压 $450kg \cdot cm^2$ 下保持 5min。取出后，打磨成直径为 15mm、厚度为 3mm 的圆柱体，放入特制的可旋转的“塑料王”圆柱形电极套中以备测试。

2.2.3.2 电化学测试方法

以 0.10mol/L KNO_3 或 Na_2SO_4 溶液作为支持电解质；水为一次蒸馏水；pH 值 4.0、6.86、9.18 缓冲溶液分别为邻苯二甲酸氢钾、磷酸二氢钾和硫酸二氢钠、硼酸钠。电解池为三电极系统，以铂片电极为辅助电极，Ag/AgCl 作参比电极，但本书中所有电位数据都已校正为相对于标准氢电极（SHE）。工作电极在溶液中浸泡一定的时间达到平衡后进行测量；每次测量，均用不同型号的砂纸逐级打磨，最后用 600 号砂纸打磨成镜面，水洗，以更新工作面。实验仪器为 EG&GPAR 公司的电化学测量系统（PARSTAT 2263）。

极化测试、Tafel 曲线采用 M352 软件系统，电位扫描相对于开路电位 ±250mV，由阴极向阳极扫描；循环伏安、恒电位阶跃测试采用 M270 软件系统；交流阻抗测试由 M398 软件控制，交流幅值为 5mV，频率范围为 $5\times10^{-3}\sim10^{5}$Hz。

3 铅锌硫化矿物-捕收剂相互作用的电化学机理

3.1 捕收剂-水体系的热力学

在硫化矿浮选中，最常用的捕收剂有乙基黄药（KEX）、丁基黄药（KBX）、乙硫氮（DDTC）及黑药（由于缺少丁铵黑药必要的热力学数据，本书仅讨论乙基黑药 DTP）几种。按照捕收剂在硫化矿物表面作用的机理，生成的捕收剂膜有两种，一种是捕收剂金属盐，另一种是捕收剂二聚物。本书首先给出几种常用捕收剂在水溶液中各组分（捕收剂分子、捕收剂离子、捕收剂二聚物）与电位和 pH 值的关系。

丁基黄药：

$$2BX^- = (BX)_2 + 2e \qquad E^\ominus = -0.128V \tag{3-1}$$

$$HBX = H^+ + BX^- \qquad K_a = 7.9 \times 10^{-6} \tag{3-2}$$

$$2HBX = 2H^+ + (BX)_2 + 2e \qquad E^\ominus = 0.236V \tag{3-3}$$

乙基黄药：

$$2EX^- = (EX)_2 + 2e \qquad E^\ominus = -0.06V \tag{3-4}$$

$$HEX = H^+ + EX^- \qquad K_a = 10^{-5} \tag{3-5}$$

$$2HEX = 2H^+ + (EX)_2 + 2e \qquad E^\ominus = 0.236V \tag{3-6}$$

乙基黑药：

$$2DTP^- = (DTP)_2 + 2e \qquad E^\ominus = 0.252V \tag{3-7}$$

$$HDTP = H^+ + DTP^- \qquad K_a = 2.3 \times 10^{-5} \tag{3-8}$$

$$2HDTP = 2H^+ + (DTP)_2 + 2e \qquad E^\ominus = 0.526V \tag{3-9}$$

乙硫氮：

$$2D^- = D_2 + 2e \qquad E^\ominus = -0.015V \tag{3-10}$$

$$HD = H^+ + D^- \qquad K_a = 10^{-5.6} \tag{3-11}$$

$$2HD = 2H^+ + D_2 + 2e \qquad E^\ominus = 0.316V \tag{3-12}$$

3.1.1 铅锌铁硫化矿表面的捕收剂产物

根据混合电位模型，硫化矿表面的捕收剂产物可以通过硫化矿矿物电极静电位与捕收剂氧化为捕收剂二聚物的可逆电位的高低来确定。当静电位小于可逆电位时，表面产物为捕收剂金属盐；当静电位大于可逆电位时，表面产物为捕收剂二聚物。以往的研究认为，方铅矿和捕收剂作用的产物为捕收剂金属盐，磁黄铁矿的表面产物为捕收剂二聚物，闪锌矿表面则捕收剂金属盐和二聚物兼而有之。

表 3-1 中引用了在捕收剂溶液中方铅矿和磁黄铁矿电极的静电位以及捕收剂氧化为二聚物的可逆电位。

表 3-1 方铅矿、磁黄铁矿电极静电位及捕收剂氧化为二聚物的可逆电位 E^r

捕收剂	E^r(vs. SHE)/V	方铅矿 E(vs. SHE)/V	磁黄铁矿 E(vs. SHE)/V
KEX	0.188	0.08	0.295
KBX	0.107	0.04	0.30
DDTC	0.168	0.09	0.32
DTP	0.340	0.13	0.48

注：pH 值为 6.86，捕收剂浓度为 10^{-4}mol/L。

由此可见，图 3-1 中实测的在乙硫氮水溶液中方铅矿电极的静电位证明了乙硫氮在方铅矿表面作用产物为 PbD_2，而不是二聚物 D_2。图 3-1 中横坐标为捕收剂浓度负对数值。

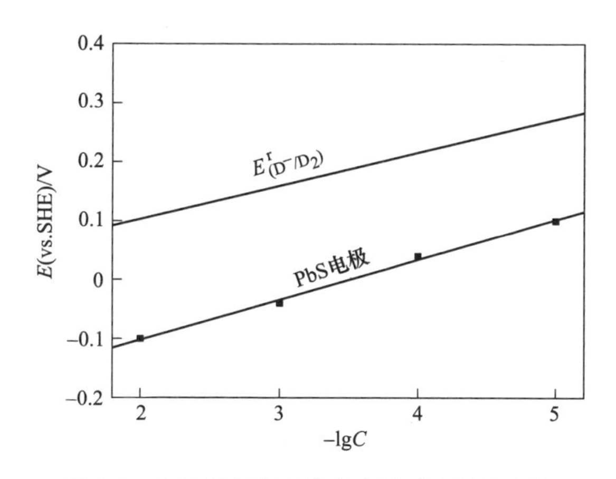

图 3-1 在乙硫氮水溶液中方铅矿电极静电位

3.1.2 铅锌铁硫化矿浮选的热力学条件

对于硫化矿优先浮选体系，其特点是硫化矿原始表面没有与浮选药剂发生作用，加入捕收剂后，在矿物表面形成捕收剂膜而疏水可浮，通过热力学数据计算相应捕收剂膜的生成条件，就可预测硫化矿浮选与分离的条件（E_h 与 pH 值）。本节就以硫化矿-捕收剂-水体系 E_h-pH 图为手段，就铅锌铁硫化矿电位调控浮选体系进行捕收剂选择，并确定电位调控浮选分离的热力学条件。

3.1.2.1 方铅矿的优先浮选

方铅矿和捕收剂作用的疏水产物为捕收剂金属盐，绘制 E_h-pH 图时考虑方铅矿和捕收剂生成捕收剂金属盐的热力学条件。首先讨论各种捕收剂对方铅矿浮选的 pH 值上限，由下列反应决定：

$$Pb(EX)_2 + 3OH^- = HPbO_2^- + 2EX^- + H_2O \qquad K = 10^{-2.94} \qquad (3\text{-}13)$$

$$Pb(BX)_2 + 3OH^- = HPbO_2^- + 2BX^- + H_2O \qquad K = 10^{-6.42} \qquad (3\text{-}14)$$

$$Pb(DDTC)_2 + 3OH^- = HPbO_2^- + 2DDTC^- + H_2O \qquad K = 10^{-10.47} \qquad (3\text{-}15)$$

$$Pb(DTP)_2 + 3OH^- = HPbO_2^- + 2DTP^- + H_2O \qquad K = 10^{3.27} \qquad (3\text{-}16)$$

取各离子的浓度为 13×10^{-4}mol/L，则各捕收剂对方铅矿浮选的 pH 值上限如下：

KEX：10.98；KBX：12.14；DDTC：13.49；DTP：8.91

由此可见，从利于闪锌矿和磁黄铁矿抑制的碱性介质而言，对方铅矿优先浮选宜于采用的捕收剂首推 DDTC，其次是 KBX。

DDTC 和 KBX 与方铅矿作用的产物分别为 $Pb(DDTC)_2$（简写为 PbD_2）、$Pb(BX)_2$，它们对方铅矿浮选的电位上限取决于产物的分解反应：

$$PbD_2 + 2H_2O = HPbO_2^- + D_2 + 3H^+ + 2e \qquad E^{\ominus} = 1.435V \qquad (3\text{-}17)$$

$$PbD_2 + 2H_2O = Pb(OH)_2 + D_2 + 2H^+ + 2e \qquad E^{\ominus} = 1.011V \qquad (3\text{-}18)$$

$$Pb(BX)_2 + 2H_2O = HPbO_2^- + (BX)_2 + 3H^+ + 2e \qquad E^{\ominus} = 1.232V \qquad (3\text{-}19)$$

$$Pb(BX)_2 + 2H_2O = Pb(OH)_2 + (BX)_2 + 2H^+ + 2e \qquad E^{\ominus} = 0.807V \qquad (3\text{-}20)$$

结合下述方程绘出方铅矿-乙硫氮-水体系和方铅矿-丁黄药-水体系（部分）E_h-pH 图（可溶物浓度取 10^{-4}mol/L，其中虚线部分表示的 DDTC 浓度为 10^{-3}mol/L）。

$$PbS + 2D^- = PbD_2 + S + 2e \qquad E^{\ominus} = -0.301V \qquad (3\text{-}21)$$

$$2PbS + 4D^- + 3H_2O = 2PbD_2 + S_2O_3^- + 6H^+ + 8e \qquad E^{\ominus} = 0.082V \qquad (3\text{-}22)$$

$$PbS + 2X^- = PbX_2 + S + 2e \qquad E^{\ominus} = -0.178V \qquad (3\text{-}23)$$

$$2PbS + 4X^- + 3H_2O = 2PbX_2 + S_2O_3^- + 6H^+ + 8e \qquad E^{\ominus} = 0.322V \qquad (3\text{-}24)$$

$$Pb(OH)_2 = HPbO_2^- + H^+ \qquad pH = 10.36 \qquad (3\text{-}25)$$

$$2X^- = X_2 + 2e \qquad E^{\ominus} = -0.128V \qquad (3\text{-}26)$$

由图 3-2 可看出，丁黄药和乙硫氮相比，不仅浮选 pH 值上限较低，而且浮选电位上限也较低。可见乙硫氮对方铅矿的捕收能力比丁黄药要强。下面详细讨论用乙硫氮浮选方铅矿的热力学条件：

（1）浮选 pH 值。用乙硫氮浮选方铅矿可以在较高 pH 值条件下进行。当乙硫氮作用浓度为 10^{-4}mol/L 时，pH 值上限为 13.6；当作用浓度为 10^{-3}mol/L 时，理论 pH 值上限为 14.15。

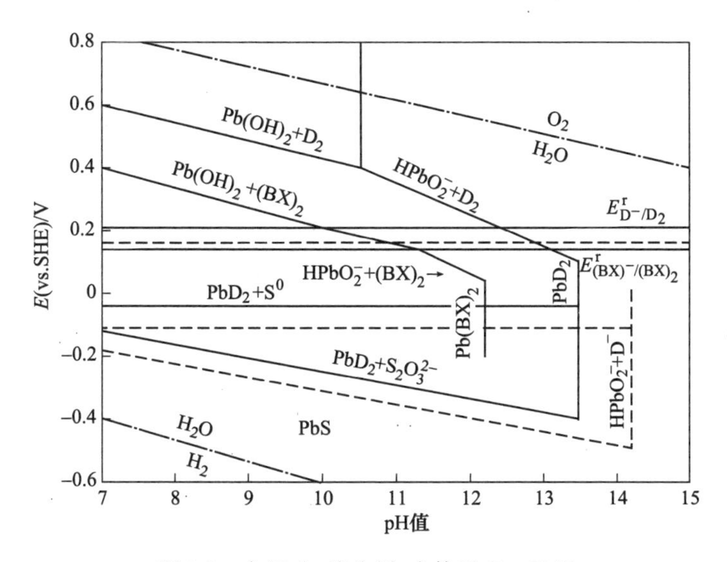

图 3-2 方铅矿-捕收剂-水体系 E_h-pH 图

（2）浮选电位。

1）电位上限：乙硫氮浮选方铅矿的电位上限取决于 PbD_2 的分解，分解的方式有两种，pH<10.3 时，分解产物为 $Pb(OH)_2+D_2$；pH>10.3 时，分解产物为 $HPbO_2^-+D_2$。浮选上限随 pH 值增大而增大，但不随药剂浓度的改变而改变，浮选电位上限较低。当 pH 值为 10.4~11.5 时，电位上限范围在 0.3~0.4V；当 pH 值为 11.5~12.4 时，电位上限范围为 0.2~0.3V；当 pH>12.4 以后，用乙硫氮浮选方铅矿电位必须控制在 0.2V 以下。此外，图中虚线和实线表示的是 D^- 氧化为 D_2 的可逆电位，浮选方铅矿时起作用的是乙硫氮离子 D^-。为了防止 D^- 氧化，浮选体系必须控制在较低电位。当乙硫氮作用浓度为 10^{-4} mol/L 时，可逆电位为 0.22V，从这个意义上讲，用乙硫氮浮选方铅矿的电位上限为：pH<12.4 时，电位上限 0.22V；pH>12.5 时，电位上限 0.20V。

2）电位下限：从 E_h-pH 图可见，若认为方铅矿表面捕收剂产物为 $PbD_2+S_2O_3^{2-}$，则浮选电位下限相当低（pH 值为 12 时，电位下限为−0.30V 左右）；但是若考虑生成 $S_2O_3^{2-}$ 的势垒，则方铅矿表面的捕收剂产物很可能是 PbD_2+S。此时，当乙硫氮作用浓度为 10^{-4}mol/L 时，浮选电位下限为−0.04V；当作用浓度达到 10^{-3}mol/L 时，电位下限为−0.12V。常规浮选条件下，可以认为−0.1V 是乙硫氮浮选方铅矿的电位下限。

（3）捕收剂的浓度。由图 3-2 中可见，随着药剂浓度的增加，D^- 氧化为 D_2 的可逆电位降低，若浮选体系的电位难以控制在较低的水平，则因 D^- 的氧化将造成药剂的浪费。以控制的浮选电位小于 0.20V 计，矿浆中能够起作用的乙硫氮浓度（有效浓度）为 $10^{-3.6}$mol/L，即 2.5×10^{-4}mol/L，考虑乙硫氮对方铅矿较强的捕收作用，实际的乙硫氮用量还可能低于此数值。

3.1.2.2 闪锌矿的抑制与浮选

在用乙硫氮优先浮选方铅矿时，如何避免闪锌矿的疏水上浮，是铅锌硫化矿优先浮选的关键。捕收剂在闪锌矿表面的作用产物可能同时存在捕收剂金属盐和二聚物，现分别予以讨论。

假设乙硫氮在闪锌矿表面的作用产物为 ZnD_2（二乙基二硫代氨基甲酸锌），首先根据化学原理确定乙硫氮浮选闪锌矿的 pH 值上限（临界 pH 值）。

前述闪锌矿氧化的热力学分析表明，对闪锌矿浮选起抑制作用的主要组分是 $Zn(OH)_2$，在溶液中存在两个涉及浮选和抑制的反应：

$$Zn^{2+} + 2D^- \xlongequal{} ZnD_2 \qquad L_{sZnD_2} = 10^{-16.07} \tag{3-27}$$

$$Zn^{2+} + 2OH^- \xlongequal{} Zn(OH)_2 \qquad K_{spZn(OH)_2} = 10^{-16.2} \tag{3-28}$$

$$Pb^{2+} + 2D^- \xlongequal{} PbD_2 \qquad L_{sPbD_2} = 10^{-22.85} \tag{3-29}$$

$$Pb^{2+} + 2OH^- \xlongequal{} Pb(OH)_2 \qquad K_{spPb(OH)_2} = 10^{-15.2} \tag{3-30}$$

当乙硫氮浓度为 1.0×10^{-4}mol/L 时，绘出 Zn^{2+}、Pb^{2+} 与乙硫氮作用的化学吸附双对数图，如图 3-3 所示。

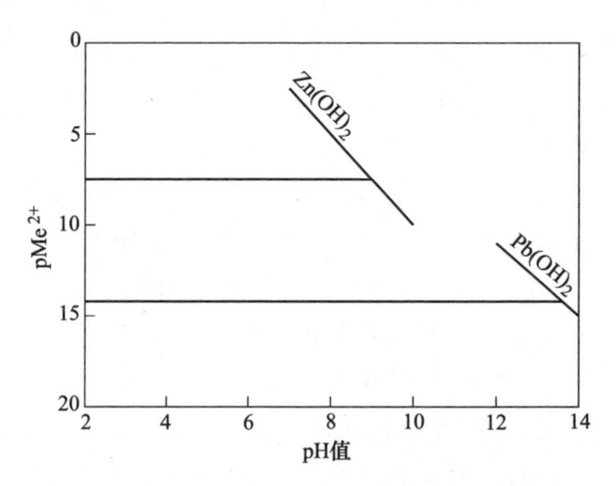

图 3-3 乙硫氮与 Pb^{2+}、Zn^{2+} 作用化学吸附双对数图

由图 3-3 可见，Pb^{2+} 和乙硫氮作用所需要的浓度比 Zn^{2+} 要低；生成 PbD_2 的 pH 值上限为 13.5（与前述分析的结果一致），生成 ZnD_2 的 pH 值上限为 9.5，因此用乙硫氮浮选闪锌矿，临界 pH 值为 9.5（[DDTC] = 10^{-4}mol/L）。

由于硫化矿浮选的临界 pH 值随捕收剂浓度的升高而升高，在利于方铅矿浮选的 pH 值（例如 pH 值为 13）时，研究乙硫氮对方铅矿与闪锌矿的浮选差异。

图 3-4 是 Zn^{2+} 和 Pb^{2+} 与 D^- 浓度之间的 pMe^{2+}-pD^- 图。

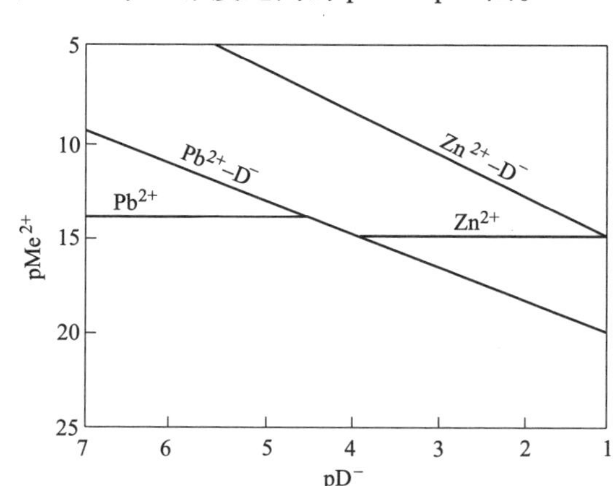

图 3-4 金属离子和药剂离子浓度双对数图

图 3-4 涉及的热力学平衡关系为:

$$pPb^{2+} = pL_{sPbD_2} - 2pD^- \tag{3-31}$$

$$pZn^{2+} = pL_{sZnD_2} - 2pD^- \tag{3-32}$$

图 3-4 表明，在 pH 值为 13 的碱性介质中，D^- 浓度达到 $10^{-4.72}$mol/L 左右即可实现方铅矿的浮选；要实现对闪锌矿的浮选，乙硫氮的理论用量应达到 $10^{-0.75}$mol/L，这显然是不现实的。

再假设乙硫氮在闪锌矿表面的作用产物为 D_2。要达到乙硫氮对闪锌矿的捕收剂作用，电位必须控制在 D^- 氧化为 D_2 的可逆电位 $E^r_{D^-/D_2}$ 之上。与此同时，由于闪锌矿发生氧化的电位低于 $E^r_{D^-/D_2}$，在捕收剂二聚物生成的同时，闪锌矿还会发生氧化生成表面亲水物质。闪锌矿能否浮选，一方面取决于捕收剂二聚物能否形成，形成之后能否在表面吸附，另一方面还取决于二聚物产生的疏水性与表面氧化产物亲水性的相对大小。此时，按电化学原理浮选临界 pH 值确立如下:

$$ZnS + 6H_2O = Zn(OH)_2 + SO_4^{2-} + 10H^+ + 8e \qquad E^{\ominus} = 0.425V \tag{3-33}$$

假定 $[SO_4^{2-}] = 10^{-4}$mol/L，并考虑 SO_4^{2-} 生成时 0.75V 的过电位，则:

$$E = 1.145 - 0.0738pH \tag{3-34}$$

DDTC 浓度为 10^{-4}mol/L 时，$E^r_{D^-/D_2} = 0.22V$，当电位低于 0.22V 时，上述反应优先发生，闪锌矿受抑制。因此得闪锌矿的浮选临界 pH 值为 12.5。

综上所述，在高碱性介质（pH>12.5）中控制在较低的电位（$E_h < 0.20V$）下用乙硫氮优先浮选方铅矿，闪锌矿将处于抑制状态。

3.1.2.3 闪锌矿的活化浮选

被 $CuSO_4$ 活化的闪锌矿表面处于 Cu_2S 和 CuS 共存的状态，取表面活化组分为 Cu_2S 加以分析。

用黄药（KEX、KBX）或者黑药（DTP）浮选经 $CuSO_4$ 活化的闪锌矿，体系中发生的反应有：

丁基黄药（KBX）：

$$2Cu_2S + 4BX^- + 3H_2O = 4CuBX + S_2O_3^{2-} + 6H^+ + 8e$$

$$E^{\ominus} = 0.145V \tag{3-35}$$

$$2CuBX + CO_3^{2-} + 2H_2O = Cu_2(OH)_2CO_3 + (BX)_2 + 2H^+ + 4e$$

$$E^{\ominus} = 0.613V \tag{3-36}$$

$$2CuBX + 4H_2O = 2Cu(OH)_2 + (BX)_2 + 4H^+ + 4e$$

$$E^{\ominus} = 0.971V \tag{3-37}$$

$$CuBX + 4OH^- = CuO_2^{2-} + BX^- + 2H_2O$$

$$K = 1.78 \times 10^{-3} \tag{3-38}$$

乙基黄药(KEX)：

$$Cu_2S + 2EX^- + 4H_2O = 2CuEX + SO_4^{2-} + 8H^+ + 8e$$

$$E^{\ominus} = 0.225V \tag{3-39}$$

$$2CuEX + CO_3^{2-} + 2H_2O = Cu_2(OH)_2CO_3 + (EX)_2 + 2H^+ + 4e$$

$$E^{\ominus} = 0.598V \tag{3-40}$$

$$2CuEX + 4H_2O = 2Cu(OH)_2 + (EX)_2 + 4H^+ + 4e$$

$$E^{\ominus} = 0.955V \tag{3-41}$$

$$2Cu_2S + 11H_2O = 4CuO_2^{2-} + S_2O_3^{2-} + 22H^+ + 12e$$

$$E^{\ominus} = 1.250V \tag{3-42}$$

$$Cu(OH)_2 = CuO_2^{2-} + 2H^+$$

$$K = 1.57 \times 10^{-31} \tag{3-43}$$

$$CuEX + 4OH^- = CuO_2^{2-} + EX^- + 2H_2O$$

$$K = 3.98 \times 10^{-3} \tag{3-44}$$

乙基黑药(DTP)：

$$Cu_2S + 2DTP^- + 4H_2O = 2CuDTP + SO_4^{2-} + 8H^+ + 8e$$

$$E^{\ominus} = 0.279V \tag{3-45}$$

$$Cu_2S + 4H_2O = 2Cu + SO_4^{2-} + 8H^+ + 6e$$

$$E^{\ominus} = 0.506V \tag{3-46}$$

$$Cu + DTP^- = CuDTP + e$$
$$E^{\ominus} = -0.416V \quad (3\text{-}47)$$
$$2Cu + H_2O = Cu_2O + 2H^+ + 2e$$
$$E^{\ominus} = 0.471V \quad (3\text{-}48)$$
$$2CuDTP + H_2O = Cu_2O + 2DTP^- + 2H^+$$
$$K = 2.51 \times 10^{-3} \quad (3\text{-}49)$$
$$Cu_2O + H_2O = 2CuO + 2H^+ + 2e$$
$$E^{\ominus} = 0.669V \quad (3\text{-}50)$$
$$CuDTP + H_2O = CuO + DTP^- + 2H^+ + e$$
$$E^{\ominus} = 1.556V \quad (3\text{-}51)$$

由上述方程绘出三体系的 E_h-pH 图（可溶物浓度取 1.0×10^{-4} mol/L）。由图 3-5 和图 3-6 可看出：

（1）对于用 $CuSO_4$ 活化后的闪锌矿的浮选，采用乙基黄药、丁基黄药、乙基黑药（浓度 10^{-4} mol/L）作为捕收剂，其浮选临界 pH 值分别为 12.6、13.4 和 10.8。

（2）尽管乙基黑药氧化成双黑药的可逆电位较高，在矿浆中较易以离子形式存在，但不适宜用作活化后闪锌矿的捕收剂。其主要原因是浮选临界 pH 值较低，在临界 pH 值附近浮选仍需控制在较低的电位，否则生成的 CuDTP 将被氧化分解（pH 值在 9.5~10.8，电位必须小于 0.2V），而且此时黑药具有较强的起泡性能，易造成夹杂。

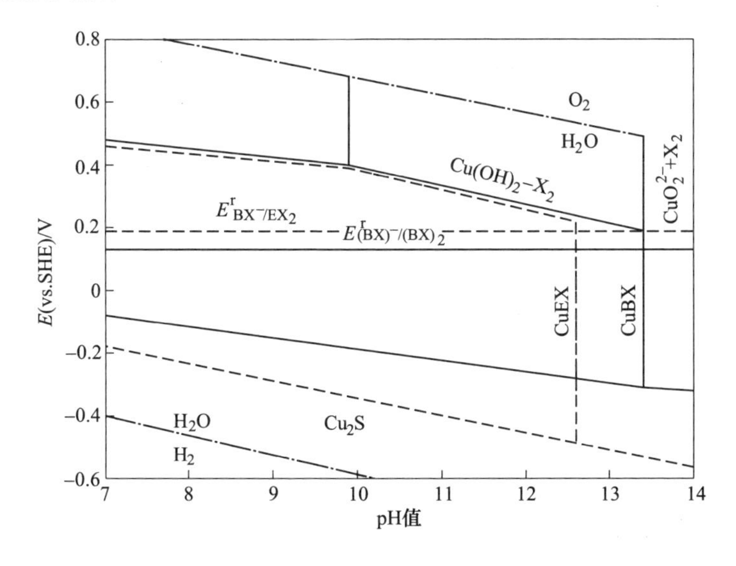

图 3-5　活化闪锌矿-黄药-水体系 E_h-pH 图

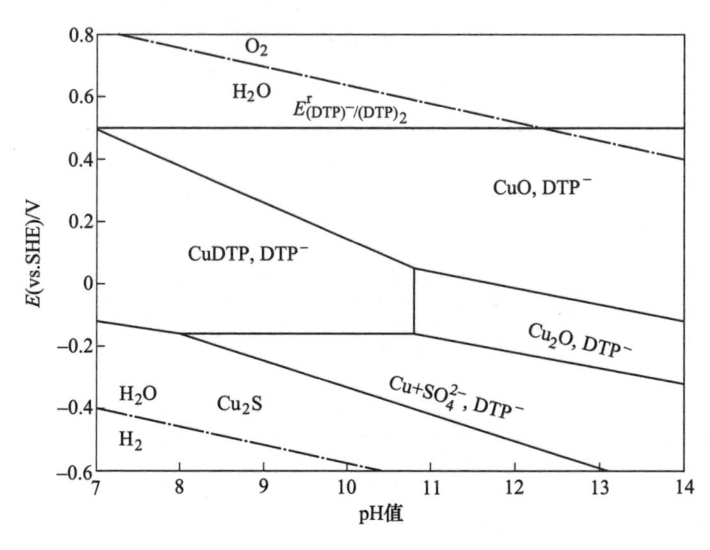

图 3-6 活化闪锌矿-黑药-水体系 E_h-pH 图

（3）乙基黑药和丁基黑药基本上都能够胜任活化后的闪锌矿的浮选，二者的浮选电位上限基本接近。但若考虑在 pH>12.5，电位小于 0.2V 矿浆环境下用乙硫氮优先浮选方铅矿的尾矿中进一步浮选闪锌矿，则以采用丁基黄药为宜，在用 $CuSO_4$ 活化之后，上述矿浆环境也正是丁基黄药浮选闪锌矿的适宜环境，其中表面疏水产物主要为 CuBX，同时当电位处于 0.1~0.2V 时也可能存在 $(BX)_2$ 的疏水作用。

3.1.2.4 磁黄铁矿的抑制与浮选

磁黄铁矿和捕收剂作用的疏水产物为捕收剂二聚物，控制二聚物的生成条件，就能控制磁黄铁矿的浮选。

磁黄铁矿表面发生的反应主要有：

$$FeS_{1.13} + 3H_2O \Longrightarrow Fe(OH)_3 + 1.13S^0 + 3H^+ + 3e \quad E^{\ominus} = 0.428V \tag{3-52}$$

$$FeS_{1.13} + 7.52H_2O \Longrightarrow Fe(OH)_3 + 1.13SO_4^{2-} + 12.04H^+ + 9.78e \quad E^{\ominus} = 0.379V \tag{3-53}$$

$$Fe(OH)_3 + H^+ + e \Longrightarrow Fe(OH)_2 + H_2O \quad E^{\ominus} = 0.271V \tag{3-54}$$

$$E_h = 0.271 - 0.059pH \tag{3-55}$$

$$2H^+ + S^0 + 2e \Longrightarrow H_2S \quad E^{\ominus} = 0.141V \tag{3-56}$$

$$E_h = 0.141 - 0.059pH \tag{3-57}$$

$$H^+ + S^0 + 2e \Longrightarrow HS^- \quad E^{\ominus} = -0.062V \tag{3-58}$$

$$E_h = -0.062 - 0.0295pH \tag{3-59}$$

式（3-53）为主要氧化反应，假定 $[SO_4^{2-}]=10^{-4}$mol/L，同时考虑 SO_4^{2-} 的生成势垒，则：

$$E=0.879-0.075\text{pH} \tag{3-60}$$

可见，随 pH 值增高，E 值降低，越容易进行磁黄铁矿的氧化反应，当该反应的电位小于捕收剂/二聚物电对的可逆电位时，则优先发生上述反应，磁黄铁矿自身氧化生成 $Fe(OH)_3$ 而受抑制。

将捕收剂氧化成二聚物的可逆电位代入式（3-60）求得的磁黄铁矿浮选临界 pH 值分别为（捕收剂浓度 1.0×10^{-4}mol/L）：

KEX：10.72　　KBX：11.25

DDTC：10.13　　DTP：6.56

由此可见，在上述方铅矿和闪锌矿顺序优先浮选的情况下，磁黄铁矿处于抑制状态。

对于磁黄铁矿的浮选，首先要利于二聚物的生成，因此浮选电位下限即为相应捕收剂氧化为二聚物的可逆电位，但是高电位会导致磁黄铁矿的自身氧化，因此磁黄铁矿应该采用中性的 pH 值范围，乙基黄药可以胜任，浮选电位控制在大于 $E^{r}_{EX^-/(EX)_2}$ 范围。

3.2 铅锌铁硫化矿物-捕收剂-水体系电化学测试

3.2.1 方铅矿-乙硫氮（DDTC）-水体系

图 3-7 中实线是方铅矿电极在有 DDTC 存在（4×10^{-5}mol/L）时，在不同 pH 值溶液中的循环伏安扫描曲线。从图 3-7 中可见：

(1) 在不同的 pH 值条件下，阳极扫描段均在 0~0.25V 范围出现了一个阳极峰，这其中意味着在有 DDTC 存在时电极表面将会发生一个与 pH 值无关的阳极反应：

$$PbS + 2D^- = PbD_2 + S + 2e \qquad E^{\ominus}=-0.301\text{V} \tag{3-61}$$

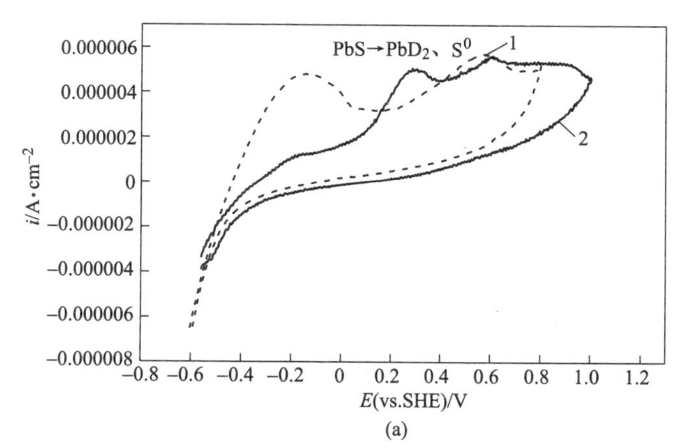

(a)

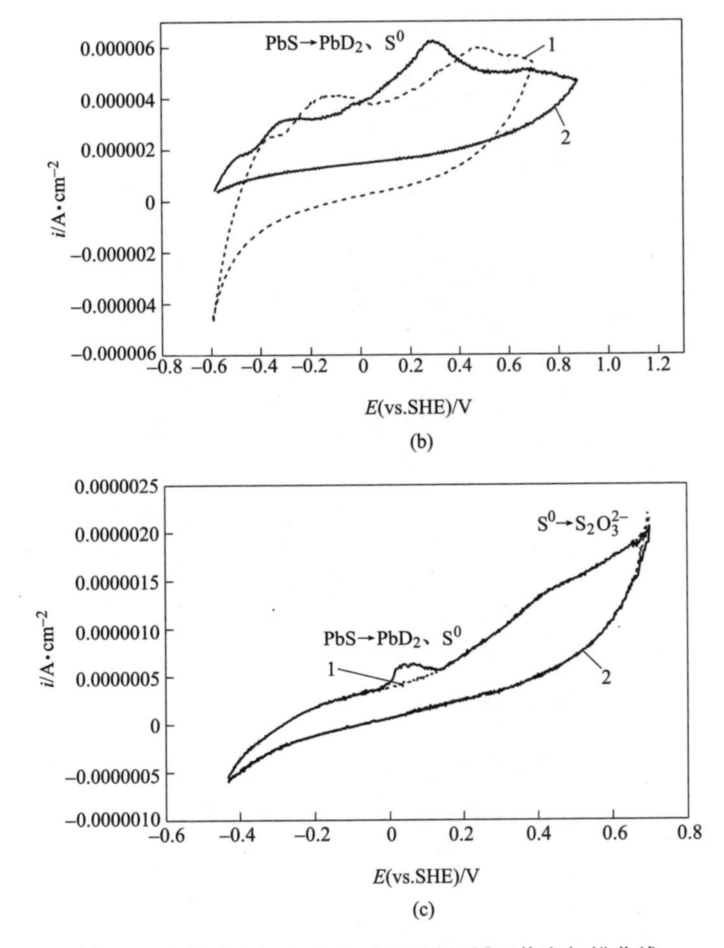

图 3-7 方铅矿电极在有无 DDTC 时的循环伏安扫描曲线

(a) pH=6.86;(b) pH=9.18;(c) pH=12.8

1—无 DDTC;2—有 DDTC

该反应的热力学电位对应于 $[D^-]=4\times10^{-5}$mol/L 时，为−0.042V，各 pH 值条件下的起始氧化电位与此相符。

(2) pH 值为 6.86 时，方铅矿的自身氧化（图 3-7 中 0.6V 处的阳极峰）产物为 Pb^{2+}和元素 S，由于体系中 PbD_2 的生成和方铅矿的氧化同时发生，PbD_2 的生成反应还包括式（3-62）的子反应：

$$Pb^{2+} + 2D^- \longrightarrow PbD_2 \tag{3-62}$$

可见，因自身氧化而形成的元素 S 可能是表面疏水作用的有效成分之一。

(3) pH 值为 9.18 时，在图 3-7 所示扫描电位上限情况下，方铅矿的自身氧化产物为 PbO 和 $S_2O_3^{2-}$，由于 PbO 大多停留在电极表面，因式（3-63）的反应而

形成的 PbD_2 将对表面疏水产生积极作用：

$$PbO + 2D^- + 2H^+ = PbD_2 + H_2O \tag{3-63}$$

就电极表面来说，此时含铅组分 PbD_2 的量将超过因反应式（3-61）而形成的元素 S 的量。

（4）在 pH 值为 12.8 的高碱介质中，扫描电位上限较低的上部分伏安曲线中，方铅矿和 DDTC 作用形成 PbD_2 的阳极峰与方铅矿的自身氧化峰几乎重合，此时方铅矿的自身氧化产物为 $HPbO_2^-$ 和元素 S，形成 PbD_2 的子反应为：

$$HPbO_2^- + 2D^- + 3H^+ = PbD_2 + 2H_2O \tag{3-64}$$

随着正向扫描的进行，PbD_2 形成的阳极峰与方铅矿的自身氧化峰分离，由于方铅矿的氧化产物为 $S_2O_3^{2-}$，PbD_2 的形成可能按式（3-65）进行：

$$2PbS + 3H_2O + 4D^- = 2PbD_2 + S_2O_3^{2-} + 6H^+ + 8e \qquad E^{\ominus} = 0.082V \tag{3-65}$$

即表明高碱介质中高电位下方铅矿表面将不会形成元素 S。

3.2.2 闪锌矿在高碱介质中与捕收剂的作用

闪锌矿复合电极在 pH 值为 12.8 高碱介质中，加入 DDTC 或 KBX 后的循环伏安曲线如图 3-8 所示。

图 3-8 表明，在高碱介质中，0.2V 扫描电位上限情况下，捕收剂的加入并未改变闪锌矿循环伏安曲线的形状，说明矿物自身的严重氧化阻碍了捕收剂在矿物表面的吸附。

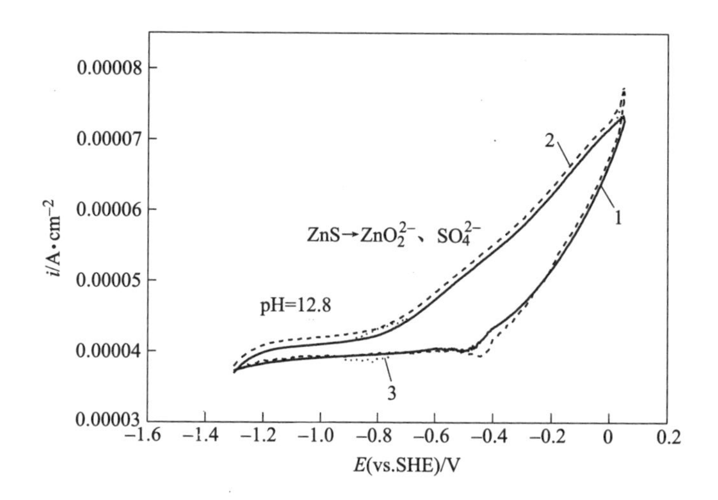

图 3-8 闪锌矿复合电极在 pH 值为 12.8 且有捕收剂存在时的循环伏安曲线

1—闪锌矿；2—闪锌矿+KBX（4×10^{-4}mol/dm^3）；3—闪锌矿+DDTC（4×10^{-4}mol/dm^3）

通过以上这些测试结果，可以验证在该 pH 值条件下用乙硫氮做捕收剂，可以达到抑锌浮铅的效果。

图 3-9 是在 pH 值为 12.8 高碱介质中，预先加入 10^{-4}mol/L $CuSO_4$ 对闪锌矿进行活化，然后加入 4×10^{-4}mol/L KBX 后测得的闪锌矿循环伏安曲线（扫描电位上限 0.2V）。

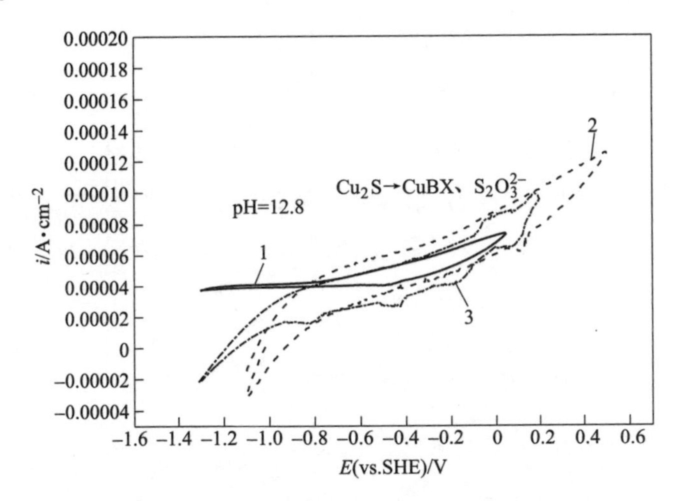

图 3-9 经 $CuSO_4$ 活化后的闪锌矿在 pH 值为 12.8 且有丁黄药存在时的循环伏安曲线（298K，0.1mol/L Na_2SO_4，扫描速度 20mV/s）

1—闪锌矿；2—闪锌矿+$CuSO_4$（1×10^{-4}mol/dm^3）；

3—闪锌矿+$CuSO_4$（1×10^{-4}mol/dm^3）+KBX（4×10^{-4}mol/dm^3）

从图 3-9 中可看出，加入 $CuSO_4$ 和 KBX 后的循环伏安曲线在 0.1V 左右出现明显阳极电流，对应于 KBX 对活化的闪锌矿的捕收反应，其中存在约 0.5V 的过电位：

$$2Cu_2S + 3H_2O + 4BX^- \Longrightarrow 4CuBX + S_2O_3^{2-} + 6H^+ + 8e \qquad E^\ominus = 0.145V \tag{3-66}$$

该结果表明闪锌矿表面的活化组分使得闪锌矿在 pH 值为 12.8，电位小于 0.2V 情况下可以用黄药浮选。

3.2.3 磁黄铁矿在高碱介质中对捕收剂的响应

磁黄铁矿电极在 pH 值为 12.8 高碱介质中，加入 DDTC 或 KBX 后的循环伏安曲线如图 3-10 所示。

图 3-10 表明，加入 DDTC 或 KBX 后，磁黄铁矿伏安曲线的形状与加入捕收剂之前无太大的变化，表明在高碱介质中，图示扫描电位上限情况下，捕收剂和磁黄铁矿表面的电化学反应不能发生；图中可看出，较高浓度的捕收剂并不能阻

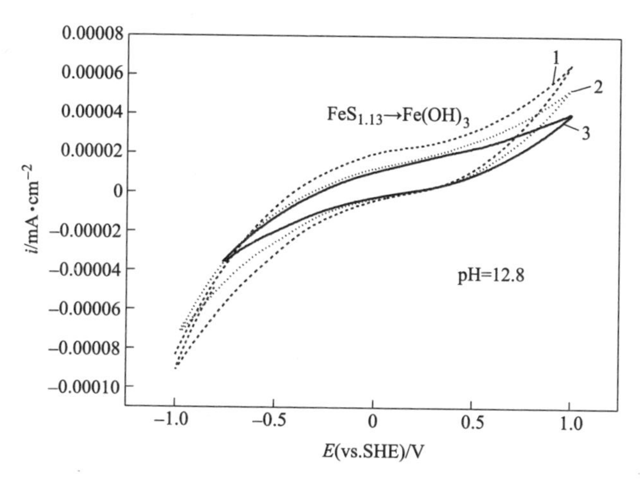

图 3-10 磁黄铁矿电极在 pH 值为 12.8 溶液中有无捕收剂存在时循环伏安扫描曲线
1—DDTC，4×10^{-3}mol/dm^3；2—KBX，4×10^{-3}mol/dm^3；3—无添加

止磁黄铁矿的自身氧化，相反，强烈氧化所形成的氧化产物却阻滞了捕收剂二聚物的生成。

3.2.4 捕收剂与铁闪锌矿表面作用的电化学机理

铁闪锌矿电极在不同 pH 值条件下，加入 DDTC 后的循环伏安扫描曲线如图 3-11 所示。

由图 3-11 可见：

（1）当 pH 值为 4.0 时，随着正向扫描的进行，出现了 3 个阳极峰。0.1~0.2V 间的阳极峰 ap_1 是乙硫氮氧化成 D_2 的峰。这与混合电位模型是一致的。E>0.3V 后，D_2 不能有效地附着在矿物表面，电极过程由铁闪锌矿自腐蚀电化学反应控制，在 0.3mV 左右形成了元素硫，更高电位下形成了 SO_4^{2-}。这 3 个阳极峰对应的电化学反应如下：

$$Zn_{1-x}Fe_xSOH_2^+ + D^-(aq) \xlongequal{} Zn_{1-x}Fe_xS\text{-}D_{(ads)} + H_2O^- \tag{3-67}$$

$$Zn_{1-x}Fe_xS\text{-}D_{(ads)} + D^-(aq) - 2e \xlongequal{} Zn_{1-x}Fe_xS \cdot D_{2(ads)} \tag{3-68}$$

$$Zn_xFe_{1-x}S\text{-}D_{(ads)} + D^-(aq) \longrightarrow Zn_{1-x}Fe_{x-y}S_{1-y} \cdot yS^0_{(lattice)} + yFeD_2 + 2ye \tag{3-69}$$

$$Zn_{1-x}Fe_{x-y}S_{1-y} \cdot yS^0_{(lattice)} + (4+3x-3y)H_2O \xlongequal{} (1-x)Zn^{2+} + (x-y)Fe(OH)_3 + SO_4^{2-} + (8+x-3y)e + (8+3x-3y)H^+ \tag{3-70}$$

（2）当 pH 值为 6.86 时，在图 3-11（b）中约 0.5V 存在一个阳极峰，在 0.1~0.2V 区间却没有乙硫氮氧化成二聚分子的电流峰，这就说明乙硫氮离子并没有直接在铁闪锌矿表面放电氧化成二聚分子，ap_1 峰的电极过程有 Fe^{2+} 脱离晶格形成缺金属羟基化富硫层所控制。

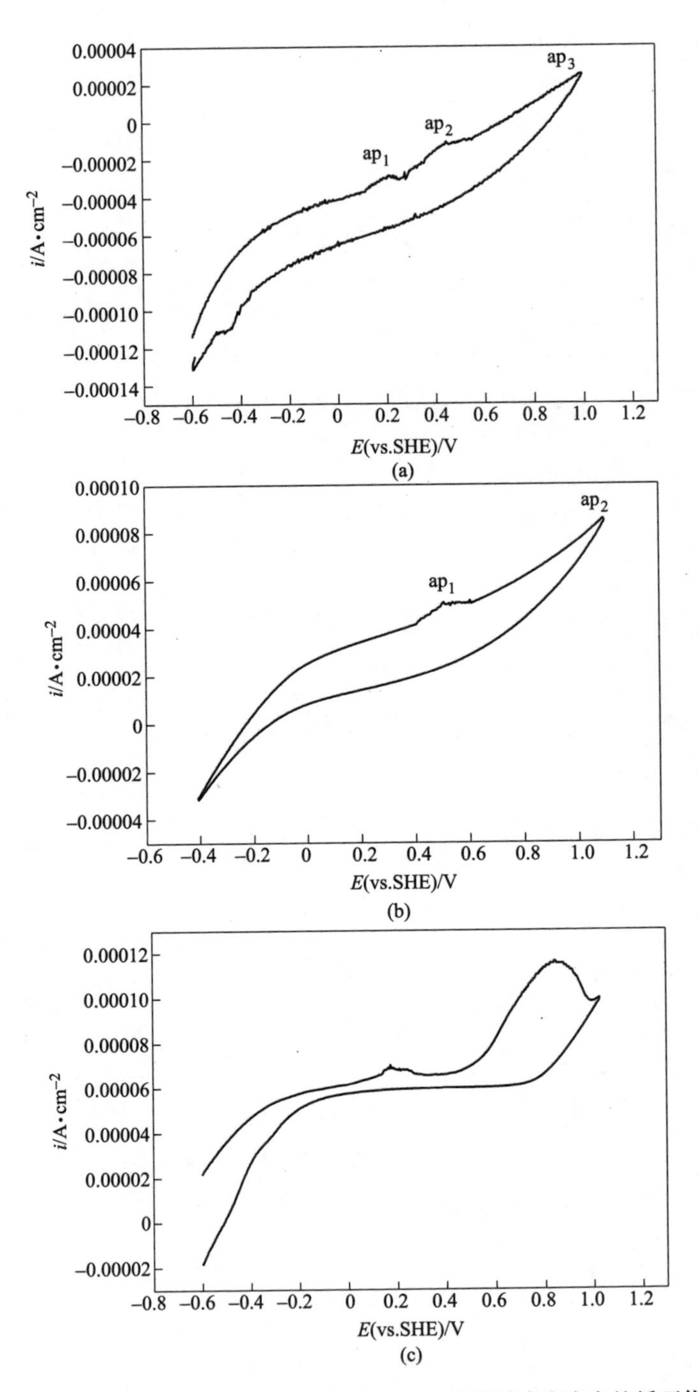

图 3-11 铁闪锌矿电极在 pH 值分别为 4、6. 86、9. 18 时的缓冲溶液中的循环伏安扫描曲线

（25℃，0. 1mol/L Na_2SO_4，$C_{DDTC}=10^{-3}$mol/L）

（a）pH=4. 0，扫描速度 20mV/s；（b）pH=6. 86，扫描速度 50mV/s；（c）pH=9. 18，扫描速度 20mV/s

$$Zn_xFe_{1-x}S(OH)_m\text{-}D^- + D^-(aq) + h^+(\text{空穴}) \longrightarrow Zn_xFe_{1-x}(OH)_mS_2 + D_2 \tag{3-71}$$

$$Zn_xFe_{1-x}(OH)_mS_2 + (2+2y)D^- \longrightarrow (1-x)Fe(OH)_3 + (x-y)Zn(OH)_2 yZnD_2 + S_2O_3^{2-} + D_2 \tag{3-72}$$

更高电位下的阳极峰（ap_2）对应着生成 SO_4^{2-}，但有捕收剂时的电流密度却比无捕收剂时的电流密度大。假定［Zn^{2+}］$=1.0\times10^{-6}$mol/L，当［D^-］$=1.0\times10^{-3}$mol/L 时，离子积［Zn^{2+}］［D^-］$^2>K_{sp}$（ZnD_2），所以铁闪锌矿表面应存在 ZnD_2 沉积盐。因为 ZnD_2 的分解电位为 0.282V，因此，高于此电位，铁闪锌矿电极表面难以形成捕收剂金属盐的钝化层，电极过程由自氧化反应控制，而乙硫氮的溶液络合催化效应，加速了金属离子的表面迁移，使得有捕收剂时 ap_2 峰的电流密度却比无捕收剂时的电流密度都大。

$$Zn^{2+}+D_2+2e = ZnD_2 \qquad E^{\ominus}=0.4591V \tag{3-73}$$

$$E_h=0.4591+0.0295\lg[Zn^{2+}]=0.282V$$

（3）当 pH 值为 9.18 时对应以下热力学平衡关系：

$$Zn^{2+} + X_2 + 2e = ZnX_2 \qquad E^{\ominus}=0.1819V \tag{3-74}$$

$$E_h=0.1819+0.0295\lg[Zn^{2+}]=0.0049V$$

$$Zn(OH)_2 + D_2 + 2e + 2H^+ = ZnD_2 + 2H_2O \qquad E^{\ominus}=0.8337V \tag{3-75}$$

$$E_h=0.8337-0.059pH=0.2921V$$

$$Zn(OH)_2 + X_2 + 2e + 2H^+ = ZnX_2 + 2H_2O \qquad E^{\ominus}=0.5563V \tag{3-76}$$

$$E_h=0.5563-0.059pH=0.01468V$$

当 pH 值为 9.18 时，出现了类似的现象，并出现了 $S_2O_3^{2-}$ 的电流峰，这是由于碱性介质中 $S_2O_3^{2-}$ 更加稳定。ZnD_2 受羟基化水解的严重影响，且部分未被氧化的 ZnD_2 也不能紧密附着在铁闪锌矿表面，否则，该电流峰将被抑制。

因此，在中性和碱性条件下，铁闪锌矿的电极过程主要受自身氧化反应步骤控制，捕收剂金属盐按其稳定性情况影响电极过程，但双乙硫氮在中性和碱性溶液中高电位下难以在铁闪锌矿表面吸附。

3.2.4.1 乙硫氮-水体系中铁闪锌矿的腐蚀与抑制

图 3-12 是铁闪锌矿在有和无捕收剂及不同 pH 值条件下的 Tafel 极化曲线。当 pH 值为 7 时，比较曲线 1 和 3，乙硫氮的加入，腐蚀电位（E_{corr}）明显负移，阴极、阳极的腐蚀电流密度增大。曲线 3 的强极化区的斜率明显大于阴极相应区域的斜率，这是腐蚀产物 $Fe(OH)_3$ 等产生的钝化作用造成的。

当 pH 值再调节为 9 时，腐蚀电位又正移，相同电位下的阴极、阳极腐蚀电流变小。其原因可能是：碱性条件下腐蚀反应产物更容易在矿物表面形成氢氧化物沉淀，阻碍了电化学反应的进行。

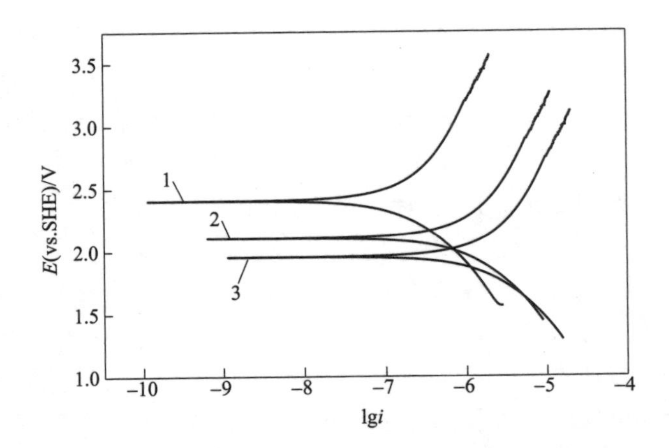

图 3-12 铁闪锌矿电极在 0.1mol/L $NaNO_3$ 溶液中的 Tafel 曲线

1—pH=7.0，C_{DDTC}=0.002mol/L；2—pH=9.0，$C_{DDTC}=10^{-4}$mol/L；3—pH=7.0，$C_{DDTC}=10^{-4}$mol/L

3.2.4.2 捕收剂与铁闪锌矿相互作用的机理

根据 3.2.4.1 节的各种电化学研究，乙硫氮与铁闪锌矿相互作用的机理为：

以铁闪锌矿的 E_{corr} 作为判据，当 $E < E^{r}_{(D^-/D_2)} < E_{corr}$ 时，乙硫氮在铁闪锌矿表面化学吸附，形态为 $Zn_{1-x}Fe_xS(OH)_m$-$D^-_{(ads)}$。但由于 Fe^{3+} 极容易羟基化，这种化学吸附很弱，$Zn_{1-x}Fe_xS(OH)_m$-$D^-_{(ads)}$ 不稳定而产生少量的副反应。

当 $E^{r}_{D^-/D_2} < E \approx E_{corr}$ 时，随着 pH 值的不同，电化学反应形成 FeD_2、$Fe(OH)D_2$、$Fe(OH)_2D$ 等不稳定的中间态和 ZnD_2、$Zn(OH)D$、FeD_2、$Fe(OH)_2D$ 等会进一步氧化成 $Fe(OH)_3$ 和 D_2。酸性条件下的 $Zn_{1-x}Fe_xS(OH)_m$-$D^-_{(ads)}$ 相对稳定，捕收剂会在矿物表面继续放电形成 D_2 的电流峰；而碱性条件下的 $Zn_{1-x}Fe_xS(OH)_m$-$D^-_{(ads)}$ 中捕收剂的吸附稳定性差，反而促进铁闪锌矿表面的氧化反应，D_2 由腐蚀电化学反应的中间态形成，不会出现独立的 D_2 峰。

当 $E \geqslant E_{corr}$ 时，电极过程由铁脱离晶格的自腐蚀反应控制，D_2 主要由溶液中铁的催化氧化产生，但 D_2、D^- 不能有效吸附在铁闪锌矿表面，并产生溶液络合催化效应，促进腐蚀反应。

3.2.4.3 铁闪锌矿在高碱高钙体系中的电化学

铁闪锌矿电极在有、无捕收剂时的饱和 $Ca(OH)_2$ 溶液中（对应溶液的 pH 值为 12.5）的循环伏安曲线，如图 3-13 所示。

当无捕收剂时，ap_1 阳极峰是铁闪锌矿电极发生腐蚀氧化反应生成了 $S_2O_3^{2-}$ 和 SO_4^{2-} 的结果；随着电极电位升高，电流密度持续增大，铁闪锌矿表面是一个不断被腐蚀、氧化的电极过程。

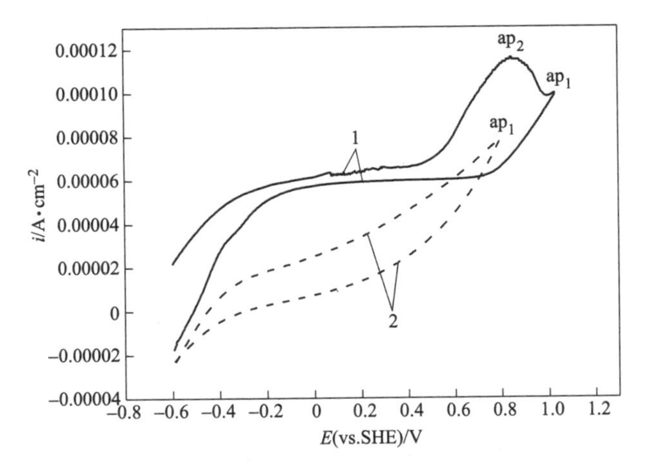

图 3-13 铁闪锌矿电极在饱和 $Ca(OH)_2$ 溶液中的循环伏安曲线（扫描速度：20mV/s）

1—有 DDTC；2—无 DDTC

当存在捕收剂乙硫氮时，循环伏安曲线中不存在 D^- 氧化成 D_2 的电流峰，ap_1、ap_2 阳极峰是铁闪锌矿电极与乙硫氮发生腐蚀氧化反应生成了 $S_2O_3^{2-}$ 和 SO_4^{2-} 的结果。

铁闪锌矿电极在含 0.001mol/L DDTC 的饱和 $Ca(OH)_2$ 溶液中进行多次循环伏安扫描，如图 3-14 所示。

图 3-14 中除了在低电位区分别出现 cp_1 和 ap_4、cp_2 和 ap_3 这两对可逆反应阴、阳电流峰外，基本上与图 3-13 是一致的。这两对可逆反应为：

$$Zn^{2+}+2e = Zn \qquad E^{\ominus}= -0.760V \tag{3-77}$$

$$Fe(OH)_2+H^++e = Fe(OH)+H_2O \qquad E^{\ominus}=0.271V \tag{3-78}$$

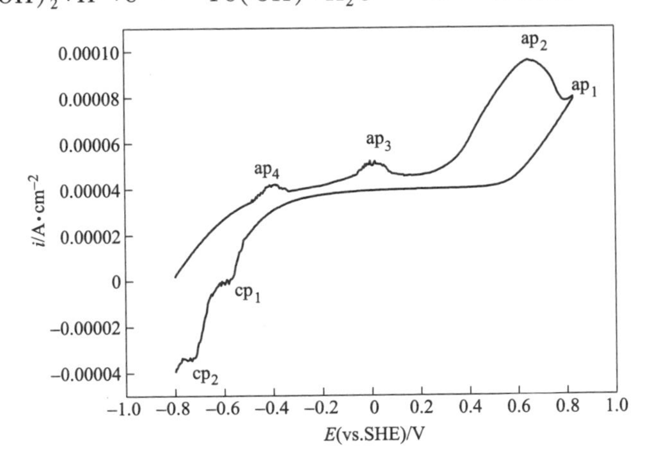

图 3-14 铁闪锌矿电极在含 0.001mol/L DDTC 饱和 $Ca(OH)_2$ 溶液中的循环伏安曲线（扫描速度：50mV/s）

4 高浓度环境下铅锌硫化矿浮选行为

矿浆 pH 值和浮选粒度是影响矿物浮选性能的重要工艺条件，也是选矿生产中重点关注的工艺参数。其中，矿浆 pH 值对浮选具有多重调整作用：pH 值对大部分矿物在水相中的溶解具有显著影响；pH 值对矿物在水溶液中的表面组分及结构产生影响；pH 值对浮选药剂（活化剂、捕收剂等）的分子或离子组成具有关键性影响；pH 值直接影响矿物表面的水化膜；pH 值影响矿物表面的电性，进而影响矿物对捕收剂的静电物理吸附活性；pH 值对浮选泡沫性质及矿化效果有明显影响。矿物的可浮性与矿物的粒度有密切的关系。粒度太粗，超过气泡的负载能力，通常不易浮起；粒度太细，造成泥化，分选的选择性降低。实践证明，各种粒度的浮选行为有较大的差别：通常粗粒级浮选较慢，但选择性较好，但过粗时浮不出，易损失在尾矿中，俗称“跑粗”，细粒级浮选速率快，选择性差，过细则失去选择性；只有中等粒度才具有最佳的可浮性。粗颗粒常损失在尾矿中，不能进入泡沫产品。原因是大颗粒在浮选过程中，附着到气泡上的概率小和脱落概率大造成的。颗粒增大，其诱导时间长，对颗粒附着到气泡上是不利的。因此，颗粒越大，越难附着到气泡上。颗粒附着到气泡上以后，当颗粒在气泡上的附着力小于与重力有关的破坏力时，颗粒就从气泡上脱落，颗粒越大，脱落力越大，特别是矿浆在强烈的紊流条件下，即使附着到气泡上，也很容易从气泡上脱落。

本章重点以方铅矿和闪锌矿单矿物为研究对象，研究典型浮选工艺参数矿浆 pH 值及浮选粒度对铅锌硫化矿浮选行为的影响。通常不同浓度下矿物最佳浮选 pH 值与最佳浮选粒度范围等规律一致，但高浓度水平下矿物上浮速率更快，回收率更高，即高浓度水平下矿物浮选动力学行为显著改善。因此，本章不再开展一般浓度 10%左右的单矿物浮选试验，将单矿物浮选试验浓度定为 39%，重点考察高浓度水平下 pH 值及浮选粒度对单矿物浮选动力学的影响，为高浓度浮选体系下矿浆 pH 值及浮选粒度的选择提供指导。

4.1 方铅矿浮选行为

针对方铅矿单矿物，分别在不同 pH 值和不同粒度条件下进行了分批刮泡试验，以确定高浓度环境下方铅矿单矿物的最佳浮选 pH 值及浮选粒度条件，并为考察这两种浮选因素对方铅矿单矿物浮选动力学行为的影响提供试验数据。

4.1.1 矿浆 pH 值对方铅矿浮选行为的影响

在浮选浓度为 39.0%、浮选粒度为−0.074+0.054mm、浮选机叶轮转速为

4000r/min 的情况下，以乙硫氮为捕收剂，乙硫氮用量为 10mg/L，以 2 号油为起泡剂，用 NaOH 溶液调节矿浆的 pH 值，考察矿浆 pH 值对方铅矿浮选行为的影响，试验结果见表 4-1，试验最终累积回收率与浮选 pH 值之间的关系如图 4-1 所示。

表 4-1 pH 值方铅矿单矿物条件试验结果

累积时间/min	累积回收率/%					
	pH=5.71	pH=7.12	pH=8.32	pH=9.25	pH=10.22	pH=11.18
0.1	56.14	56.06	56.17	54.53	43.70	30.21
0.2	70.29	70.21	70.34	68.64	60.19	46.48
0.5	86.12	86.14	86.09	85.35	80.82	69.82
1.0	91.08	91.13	90.67	90.82	86.34	79.63
1.5	92.19	92.05	92.28	92.37	89.58	84.88
2.5	93.67	93.81	94.02	93.72	91.46	86.90
3.5	95.50	95.37	95.41	94.64	92.32	88.12
4.5	96.42	96.39	96.37	95.36	93.16	90.03

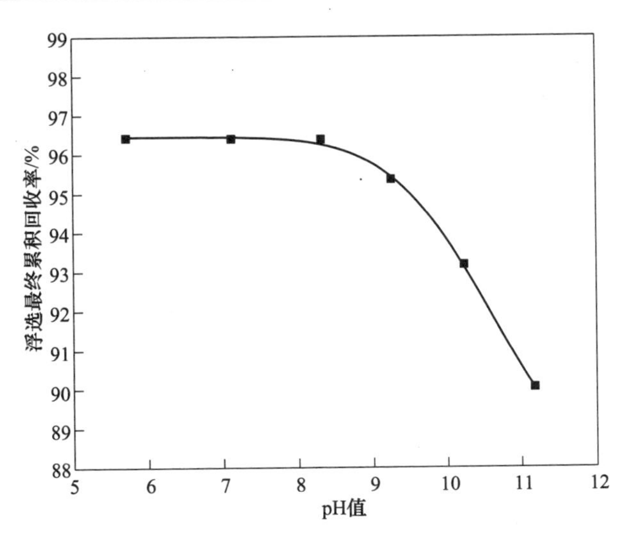

图 4-1 方铅矿单矿物浮选最终累积回收率与 pH 值关系

从表 4-1 及图 4-1 中可以看出，在 pH 值为 5.5~9 时，方铅矿单矿物的可浮性相近；浮选最终累积回收率为 96.40%左右，当 pH>9 后，方铅矿单矿物的可浮性明显下降，由此可见，对于方铅矿单矿物同样在自然 pH 值下即可达到理想选别指标，因此确定自然 pH 值为方铅矿选别最佳 pH 值。

4.1.2 浮选粒度对方铅矿浮选行为的影响

在自然 pH 值下，固定浮选浓度为 39.0%、浮选机叶轮转速为 4000r/min 的情况下，以乙硫氮为捕收剂，乙硫氮用量为 10mg/L，以 2 号油为起泡剂，考察浮选粒度对方铅矿浮选行为的影响，试验结果见表 4-2，试验最终累积回收率与浮选粒度之间的关系如图 4-2 所示。

表 4-2 方铅矿单矿物浮选粒度条件试验结果

累积时间 /min	累积回收率/%				
	-0.125+0.098mm	-0.098+0.074mm	-0.074+0.063mm	-0.063+0.054mm	-0.054+0.039mm
0.1	26.01	39.14	54.12	54.49	50.28
0.2	51.85	58.16	69.13	69.62	61.99
0.5	71.12	78.62	85.51	85.73	83.54
1.0	82.24	86.27	90.16	90.22	89.01
1.5	85.69	89.31	92.35	92.43	91.66
2.5	87.21	90.55	93.69	93.70	92.55
3.5	88.35	91.31	94.72	94.91	93.49
4.5	89.41	92.17	95.93	96.01	94.32

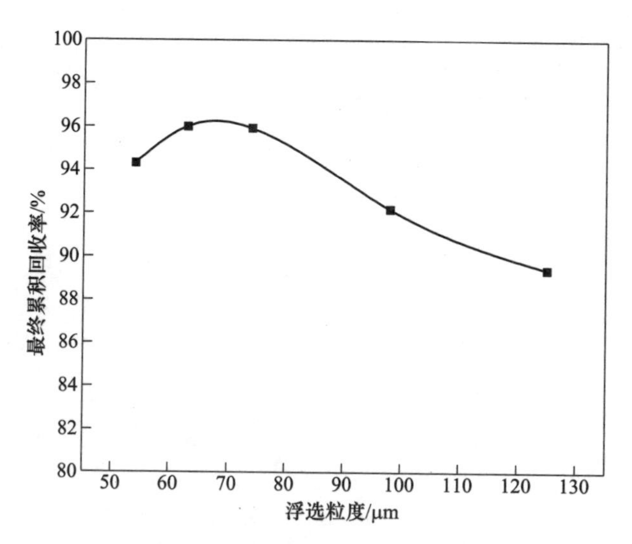

图 4-2 方铅矿单矿物浮选最终累积回收率与浮选粒度关系

由表 4-2 及图 4-2 可见，在粒级范围为-0.074+0.063mm 及-0.063+0.054mm 时，浮选最终累积回收率达到最大值，分别为 95.93% 及 96.01%，粒度大于 0.074mm 时，浮选最终累积回收率也逐渐降低，同时，粒度过细之后，浮选最终累积回收率也稍有下降，因此，可以确定粒度范围-0.074+0.054mm为最佳浮选粒度。

4.2 闪锌矿浮选行为

针对闪锌矿单矿物，分别在不同pH值和不同粒度条件下进行了分批刮泡试验，以确定高浓度环境下闪锌矿单矿物的最佳浮选pH值及浮选粒度条件，并为考察这两种浮选因素对闪锌矿单矿物浮选动力学行为的影响提供试验数据。

4.2.1 矿浆pH值对闪锌矿浮选行为的影响

在浮选浓度为39.0%、浮选粒度为-0.074+0.054mm、浮选机叶轮转速为4000r/min的情况下，以丁黄药为捕收剂，丁黄药用量为30mg/L，以2号油为起泡剂，用NaOH溶液调节矿浆的pH值，考察矿浆pH值对闪锌矿浮选行为的影响，试验结果见表4-3，试验最终累积回收率与浮选pH值之间的关系如图4-3所示。

表4-3 闪锌矿单矿物pH值条件试验结果

累积时间/min	累积回收率/%					
	pH=6.02	pH=8.07	pH=9.55	pH=10.55	pH=11.16	pH=11.83
0.1	52.27	52.16	50.46	46.77	37.50	26.43
0.2	65.70	65.26	63.70	60.69	53.19	45.68
0.5	83.80	83.70	82.29	80.32	76.04	68.84
1.0	89.94	89.80	89.03	86.52	82.14	75.71
1.5	91.93	91.79	91.41	90.07	85.90	81.17
2.5	93.19	93.20	92.81	91.81	88.17	85.71
3.5	94.26	94.22	93.96	92.56	90.35	87.15
4.5	95.17	95.17	94.67	93.14	91.27	88.08

从表4-3及图4-3中可以看出，在pH为6~9.5，闪锌矿单矿物的可浮性相近，浮选最终累积回收率为95.10%左右，当pH>9.5后，闪锌矿单矿物的可浮性明显下降，由此可见，对于闪锌矿单矿物在自然pH值下同样可达到理想选别指标，因此同样可以确定自然pH值为闪锌矿浮选最佳pH值。

4.2.2 浮选粒度对闪锌矿浮选行为的影响

在自然pH值下，固定浮选浓度为39.0%、浮选机叶轮转速为4000r/min，以丁黄药为捕收剂，丁黄药用量为24mg/L，以2号油为起泡剂，考察浮选粒度对闪锌矿浮选行为的影响，试验结果见表4-4，试验最终累积回收率与浮选粒度之间的关系如图4-4所示。

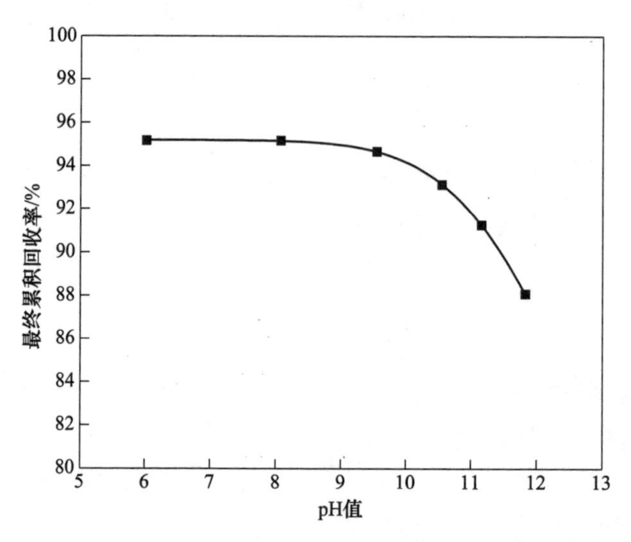

图 4-3 闪锌矿单矿物浮选最终累积回收率与 pH 值关系

由表 4-4 及图 4-4 可见，在粒级范围为 -0. 074 + 0. 063mm 及 -0. 063 + 0. 054mm 时，浮选最终累积回收率基本接近，分别为 95. 09%及 95. 06%，粒度大于 0. 074mm 时，浮选最终累积回收率也逐渐降低，同时，若粒度过细，浮选最终累积回收率也会下降，因此，粒度范围-0. 074+0. 054mm 为闪锌矿浮选最佳粒度。

表 4-4 闪锌矿单矿物浮选粒度条件试验结果

累积时间/min	累积回收率/%				
	-0. 125+0. 098mm	-0. 098+0. 074mm	-0. 074+0. 063mm	-0. 063+0. 054mm	-0. 054+0. 039mm
0. 1	23. 62	37. 52	51. 77	52. 14	50. 61
0. 2	49. 53	57. 40	63. 43	65. 47	62. 49
0. 5	69. 81	78. 65	83. 67	84. 89	83. 96
1. 0	82. 14	86. 13	89. 09	89. 59	89. 18
1. 5	85. 01	88. 68	91. 61	91. 73	91. 63
2. 5	86. 21	90. 07	93. 01	93. 07	92. 45
3. 5	87. 32	91. 12	94. 05	94. 08	93. 63
4. 5	88. 23	92. 02	95. 09	95. 06	94. 67

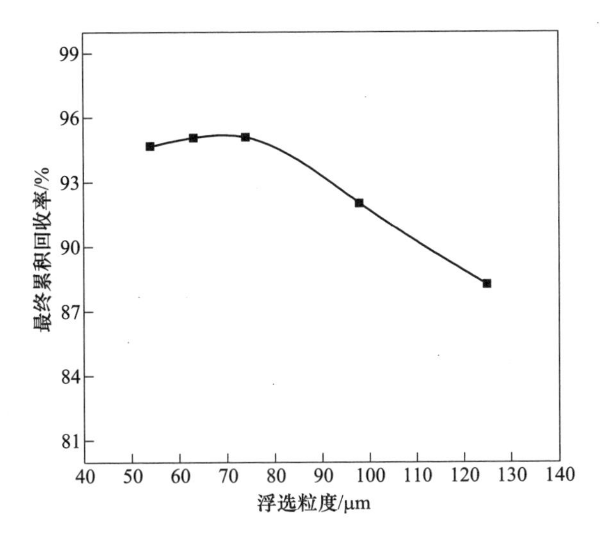

图 4-4 闪锌矿单矿物浮选最终累积回收率与浮选粒度关系

5 高浓度环境下铅锌硫化矿浮选动力学行为

矿浆浓度是影响浮选动力学的重要因素之一，主要表现在矿浆浓度对浮选过程各因素的影响，矿浆浓度对浮选各项因素的影响主要表现在以下几方面。

（1）矿浆浓度对药剂耗量有影响，即低浓度时，单位容积矿浆中药剂浓度显著降低，在加药量一定的条件下，矿浆浓度大时，药剂浓度也大，因此在浮选中采用较高矿浆浓度，可以适当减少药剂用量。

（2）矿浆浓度增大，如果浮选机的体积和生产率保持不变，矿浆在浮选机中停留时间就可以相对延长，有利于提高回收率。相反，如果浮选时间不变，增大矿浆浓度，可以提高浮选机的生产率。

（3）浮选机的充气量随矿浆浓度而变化，过浓和过稀的矿浆均导致充气恶化。随着矿浆浓度增大，气泡升浮受到阻碍，气泡在矿浆中停留时间增长，使矿浆中空气含量增高。当矿浆浓度过大，空气在矿浆中不易分散，气泡分布也不均匀，增大气泡升浮速率，减少了矿浆中空气含量，使矿浆的充气情况变坏。

因此，需着重研究高浓度浮选环境下矿浆 pH 值及矿浆电位、浮选粒度对铅锌硫化矿浮选动力学行为的影响，揭示高浓度条件下矿物铅锌矿物浮选动力学规律。为此，在第 4 章的研究基础上，使用 MATLAB 软件通过对分批刮泡浮选试验数据进行非线性拟合，找出最佳浮选动力学模型，并确定高浓度环境下浮选动力学参数与浮选因素之间的关系。

5.1 MATLAB 软件在浮选动力学模型上的应用

MATLAB 软件是 Mathworks 公司在 20 世纪 80 年代中期推出的数学软件，是当前现代科学计算与工程计算的一种最优秀的计算语言，它集科技计算与图形于一身，涵盖了高等数学、矩阵原理、数值计算、数理统计、最优化方法、神经网络、控制理论，以及数学建模、系统仿真等许多经典数学和现代数学问题。

利用 MATLAB 的优化工具，可以求解线性规划、非线性规划和多目标规划等问题。另外，该工具箱还提供了线性、非线性最小化，方程求解，曲线拟合，二次规划等问题中大型课题的求解方法。本节主要为利用 MATLAB 软件对试验数据进行非线性拟合。

为确定最适宜的浮选动力学模型，并考察各浮选工艺参数对浮选动力学的影响。本节首先利用 MATLAB 对试验数据拟合，拟合出各个模型的模型参数，然后利用已知参数在 MATLAB 界面画出各个参数对应的曲线图。

本节进行的浮选动力学研究采用了 4 种经典浮选动力学模型，具体为：

经典一级动力学模型（模型 1）：$\varepsilon = \varepsilon_{\infty}(1 - e^{-kt})$

一级矩形分布模型（模型 2）：$\varepsilon = \varepsilon_{\infty}\left[1 - \frac{1}{kt}(1 - e^{-kt})\right]$

二级动力学模型（模型 3）：$\varepsilon = \frac{\varepsilon_{\infty}^2 kt}{1 + \varepsilon_{\infty} kt}$

二级矩形分布模型（模型 4）：$\varepsilon = \varepsilon_{\infty}\left\{1 - \frac{1}{kt}[\ln(1 + kt)]\right\}$

MATLAB 软件数据拟合程序如下：

```
clear
x=[0.1,0.2,0.5,1.0,1.5,2.5,3.5,4.5]'
y=[   ];        此处中括号内为试验所得各个时间段累积回收率
b0=[1 1];
[b,r,j]=nlinfit(x,y','ep33',b0);b
[yp,d]=nlpredci('ep33',x,b,r,j);
ci=nlparci(b,r,j)
yy=[x y' yp r yp-d yp+d]
yy
b
```

MATLAB 软件绘制 4 个模型曲线比较图的程序如下：

```
clear
%初值常数
a1=  ; b1=  ;
a2=  ; b2=  ;
a3=  ; b3=  ;
a4=  ; b4=  ;  a1,b1,a2,b2,a3,b3,a4,b4 分别为 4 个模型拟合求出的模型参数
%步长
x=0:0.01:5;
x2=[0.1 0.2 0.5 1 1.5 2.5 3.5 4.5];
yy=[   ];        此处中括号内为试验所得各个时间段累积回收率
y1=a1*(1-exp(-b1*x));                    %模型 1
    ff=1-exp(-b2*x);
    fff=1./(b2*x);
    ffff=ff.*fff;
    fffff=1-ffff;
y2=a2*fffff;                             %模型 2
```

```
y3=((a3^2*b3*x)./(1+a3*b3*x));          %模型3
    ff=log(b4*x+1);
    fff=1/(b4*x);
        ffff=1-fff.*ff;
y4=a4*ffff;                              %模型4
plot(x,y1);hold on;
plot(x,y2,':');hold on;
plot(x,y3);hold on;
plot(x,y4,'-.');hold on;
xlabel('时间(min)')
ylabel('回收率(%)')
plot(x2,yy,'m:□');hold on;
```

5.2　矿浆 pH 值及电位对铅锌硫化矿浮选动力学行为的影响

矿浆 pH 值及电位是浮选过程中的一个重要因素。它一方面影响矿物表面的浮选性质；另一方面又影响各种浮选药剂的作用。同时，它也会是影响浮选速率常数的一个重要因素之一。本节将在不同矿浆 pH 值及电位条件下分批刮泡浮选试验结果的基础上，讨论研究不同矿浆 pH 值及电位对浮选动力学行为的影响。

利用 MATLAB 软件对试验所得不同矿浆 pH 值及电位条件下方铅矿和闪锌矿累积回收率与所选的 4 个浮选动力学模型进行拟合。

5.2.1　矿浆 pH 值及电位对方铅矿浮选动力学行为的影响

分批刮泡试验条件如 4.1.1 小节所述，结果见表 4-1。利用 MATLAB 软件对分批刮泡试验所得不同矿浆 pH 值及电位下方铅矿累积回收率与所选的 4 个浮选动力学模型进行拟合。

不同矿浆 pH 值及电位条件下，4 个模型曲线拟合结果如图 5-1~图 5-6 所示，模型拟合所得浮选动力学参数见表 5-1。

由图 5-1~图 5-6 可见：

（1）矿浆 pH 值及电位是影响浮选最终累积回收率的因素之一，在矿浆 pH 值为 6.0~9.5 时，方铅矿浮选累积回收率相差不大，但随着矿浆 pH 值继续增大，其累积回收率逐渐减小。

（2）在不同矿浆 pH 值下均为模型 2 拟合效果最好，模型 3 的拟合效果最差。在刮泡时间为 0.2min 以前，模型 1、模型 2 及模型 4 的拟合效果相近，在 0.2min 以后，明显模型 2 的拟合效果最佳。因此，在不同 pH 值下，方铅矿的浮选行为均可以采用浮选速率常数符合矩形分布的一级动力学模型（模型 2）来描述，即

$$\varepsilon = \varepsilon_{\infty}\left[1 - \frac{1}{kt}(1 - e^{-kt})\right]$$

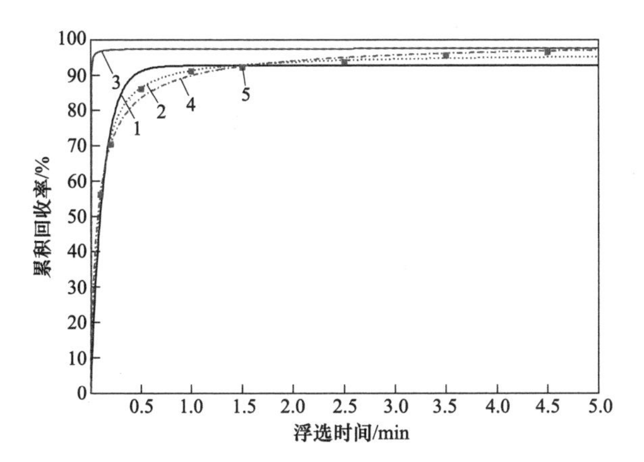

图 5-1 矿浆 pH 值为 5.71，电位为 87.2mV 时方铅矿浮选 4 种模型曲线拟合结果

1—模型 1；2—模型 2；3—模型 3；4—模型 4；5—试验数据

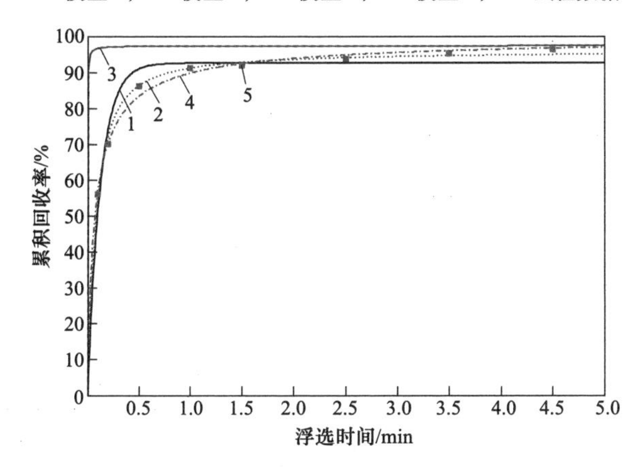

图 5-2 矿浆 pH 值为 7.12，电位为 19.1mV 时方铅矿浮选 4 种模型曲线拟合结果

1—模型 1；2—模型 2；3—模型 3；4—模型 4；5—试验数据

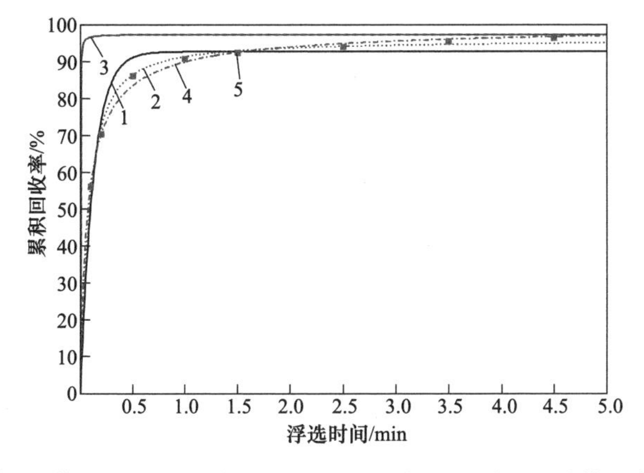

图 5-3 矿浆 pH 值为 8.32，电位为-44.1mV 时方铅矿浮选 4 种模型曲线拟合结果

1—模型 1；2—模型 2；3—模型 3；4—模型 4；5—试验数据

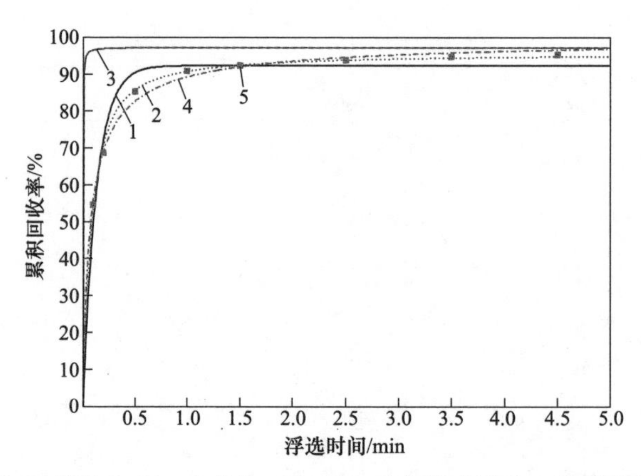

图 5-4 矿浆 pH 值为 9.25，电位为-93.7mV 时方铅矿浮选 4 种模型曲线拟合结果

1—模型 1；2—模型 2；3—模型 3；4—模型 4；5—试验数据

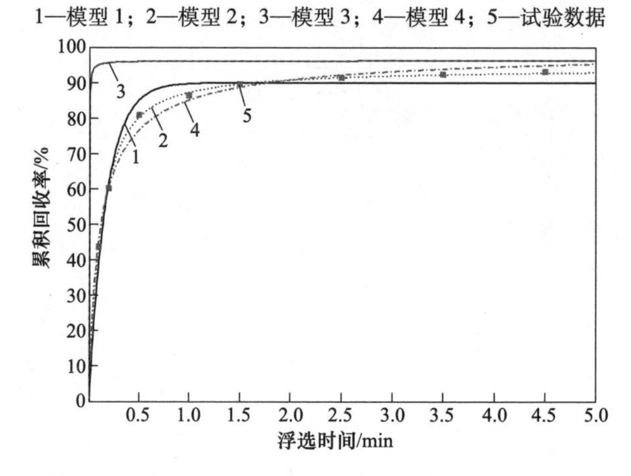

图 5-5 矿浆 pH 值为 10.22，电位为-145.8mV 时方铅矿浮选 4 种模型曲线拟合结果

1—模型 1；2—模型 2；3—模型 3；4—模型 4；5—试验数据

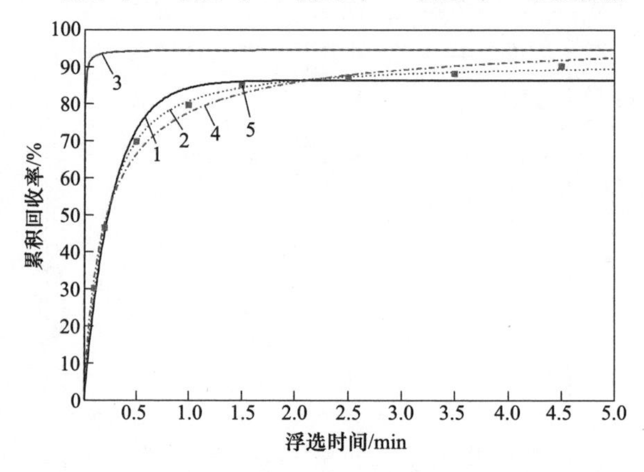

图 5-6 矿浆 pH 值为 11.18，电位为-206.4mV 时方铅矿浮选 4 种模型曲线拟合结果

1—模型 1；2—模型 2；3—模型 3；4—模型 4；5—试验数据

表 5-1 不同矿浆 pH 值及电位下方铅矿浮选试验结果与 4 个模型进行拟合后所得拟合参数

试验号		1	2	3	4	5	6
矿浆 pH 值		5.71	7.12	8.32	9.25	10.22	11.18
电位 E_v/mV		87.20	19.10	-44.10	-93.7	-145.80	-206.40
模型 1	ε_∞	0.9266	0.9265	0.9264	0.9230	0.8997	0.8625
	k	8.1202	8.1011	8.1355	7.7299	5.8084	3.7213
模型 2	ε_∞	0.9609	0.9608	0.9607	0.9582	0.9421	0.9161
	k	19.8837	19.8345	19.9056	18.8152	13.4706	8.2983
模型 3	ε_∞	0.9744	0.9743	0.9742	0.9723	0.9616	0.9457
	k	13.8521	13.8167	13.8632	13.0430	8.9913	5.3146
模型 4	ε_∞	0.9999	0.9998	0.9998	0.9988	0.9962	0.9941
	k	35.5227	35.4186	35.5338	33.0886	21.2211	11.4743

由表 5-1 可知，4 个模型的浮选速率常数 k 在矿浆 pH 值小于 9.5 时基本保持不变，pH 值大于 10.0 以后，随着矿浆 pH 值的增大，方铅矿单矿物的浮选速率常数逐渐减小。例如，对于拟合效果最好的模型 2，在矿浆 pH 值为 5.71，电位为 87.20mV 时，拟合所得浮选速率常数为 19.8837；在矿浆 pH 值为 7.12，电位为 19.10mV 时，拟合所得浮选速率常数为 19.8345；在矿浆 pH 值为 8.32，电位为-44.10mV 时，拟合所得浮选速率常数为 19.9056；在矿浆 pH 值为 9.25，电位为-93.7mV 时，拟合所得浮选速率常数仅为 18.8152，其浮选速率常数值基本保持不变；矿浆 pH 值继续增大为 10.22，电位为-145.80mV 时，拟合所得浮选速率常数减小为 13.4706；当矿浆 pH 值为 11.18，电位为-206.40mV 时，拟合所得浮选速率常数为 8.2983。

5.2.2 矿浆 pH 值及电位对闪锌矿单矿物浮选动力学行为的影响

分批刮泡试验条件如 4.2.1 节所述，结果见表 4-3。利用 MATLAB 软件对分批刮泡试验所得矿浆 pH 值及电位条件下闪锌矿累积回收率与所选的 4 个浮选动力学模型进行拟合。

不同矿浆 pH 值及电位下，4 个模型曲线拟合结果如图 5-7~图 5-12 所示，模型拟合所得浮选动力学参数见表 5-2。

由图 5-7~图 5-12 分析如下。

（1）矿浆 pH 值及电位是影响浮选最终累积回收率的因素之一，对于闪锌矿，在矿浆 pH 值为 6.0~11.0 时，闪锌矿浮选累积回收率相差不大，但随着矿浆 pH 值继续增大，其累积回收率逐渐减小。

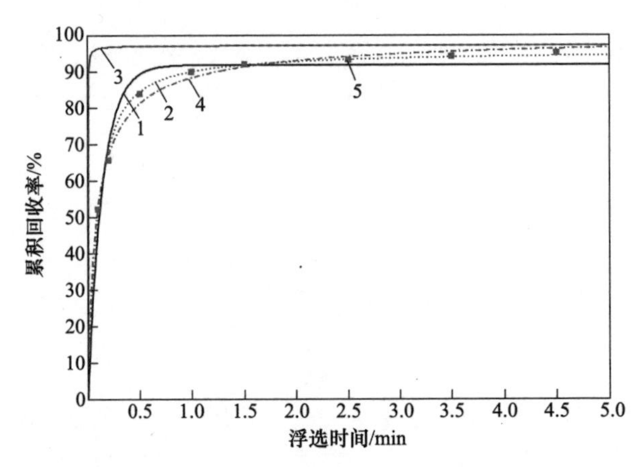

图 5-7　矿浆 pH 值为 6.02，电位为 88.00mV 时闪锌矿浮选 4 种模型曲线拟合结果

1—模型 1；2—模型 2；3—模型 3；4—模型 4；5—试验数据

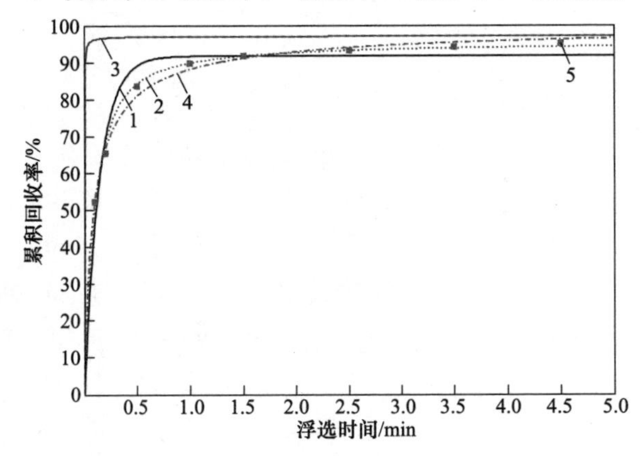

图 5-8　矿浆 pH 值为 8.07，电位为-52.70mV 时闪锌矿浮选 4 种模型曲线拟合结果

1—模型 1；2—模型 2；3—模型 3；4—模型 4；5—试验数据

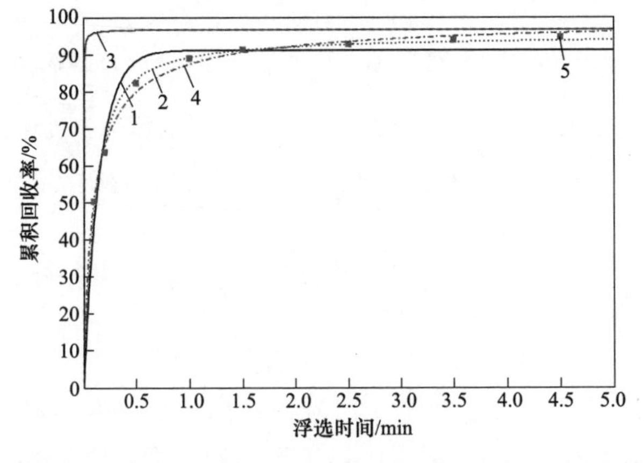

图 5-9　矿浆 pH 值为 9.55，电位为-121.00mV 时闪锌矿浮选 4 种模型曲线拟合结果

1—模型 1；2—模型 2；3—模型 3；4—模型 4；5—试验数据

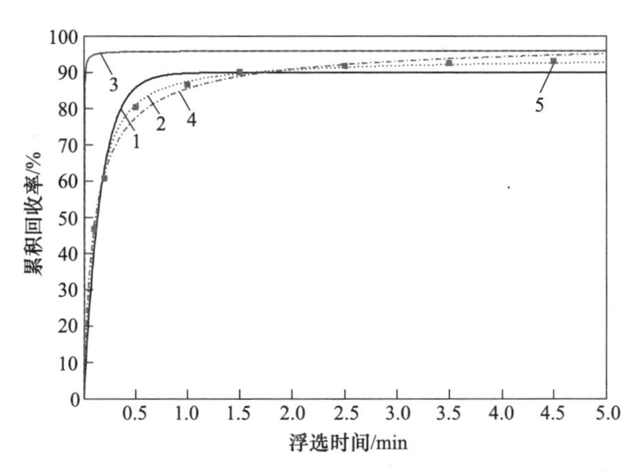

图 5-10　矿浆 pH 值为 10.55，电位为-181.10mV 时闪锌矿浮选 4 种模型曲线拟合结果

1—模型 1；2—模型 2；3—模型 3；4—模型 4；5—试验数据

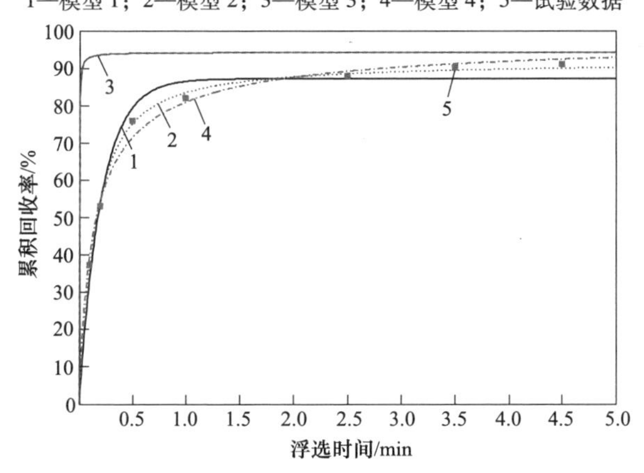

图 5-11　矿浆 pH 值为 11.16，电位为-237.30mV 时闪锌矿浮选 4 种模型曲线拟合结果

1—模型 1；2—模型 2；3—模型 3；4—模型 4；5—试验数据

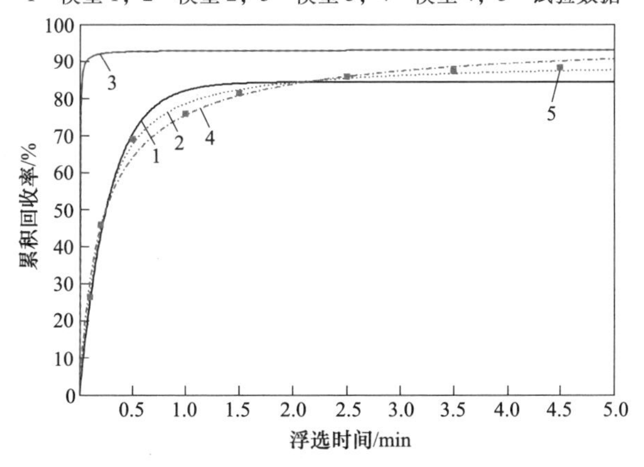

图 5-12　矿浆 pH 值为 11.83，电位为-280.00mV 时闪锌矿浮选 4 种模型曲线拟合结果

1—模型 1；2—模型 2；3—模型 3；4—模型 4；5—试验数据

（2）在不同矿浆 pH 值下均为模型 2 拟合效果最好，模型 3 的拟合效果最差。在刮泡时间为 0.2min 以前，模型 1、模型 2 及模型 4 的拟合效果相近，在 0.2min 以后，明显模型 2 的拟合效果最佳。因此，在不同矿浆 pH 值下，闪锌矿的浮选行为均可以采用浮选速率常数符合矩形分布的一级动力学模型（模型 2）来描述，即

$$\varepsilon = \varepsilon_{\infty}\left[1 - \frac{1}{kt}(1 - \mathrm{e}^{-kt})\right]$$

表 5-2 不同矿浆 pH 值及电位下闪锌矿浮选试验结果与 4 个模型进行拟合后所得拟合参数

试验号		1	2	3	4	5	6
矿浆 pH 值		6.02	8.07	9.55	10.55	11.16	11.83
电位 E_v/mV		88.00	−52.70	−121.00	−181.10	−237.30	−280.00
模型 1	ε_{∞}	0.9176	0.9176	0.9130	0.8993	0.8732	0.8421
	k	7.0524	7.0567	6.7066	6.1302	4.8186	3.6006
模型 2	ε_{∞}	0.9549	0.9549	0.9516	0.9400	0.9202	0.8972
	k	16.9303	16.9383	15.9603	14.3756	10.9101	7.8947
模型 3	ε_{∞}	0.9709	0.9708	0.9686	0.9586	0.9438	0.9287
	k	11.5469	11.5545	10.8066	9.6918	7.2049	5.0746
模型 4	ε_{∞}	0.9999	0.9999	0.9991	0.9915	0.9840	0.9789
	k	28.6449	28.6654	26.4438	23.0451	16.1089	10.6233

由表 5-2 可知，4 个模型的浮选速率常数 k 在矿浆 pH 值小于 11.0 时基本保持不变，矿浆 pH 值大于 11.0 以后，随着矿浆 pH 值的增大，方铅矿单矿物的浮选速率常数逐渐减小。例如，对于拟合效果最好的模型 2，在矿浆 pH 值为 6.02，电位为 88.00mV 时，拟合所得浮选速率常数为 16.9303；在矿浆 pH 值为 8.07，电位为−52.70mV 时，拟合所得浮选速率常数为 16.9383；在矿浆 pH 值为 9.55，电位为−121.00mV 时，拟合所得浮选速率常数为 15.9603；在矿浆 pH 值为 10.55，电位为−181.10mV 时，拟合所得浮选速率常数为 14.3756；在矿浆 pH 值为 11.16，电位为−237.30mV 时，拟合所得浮选速率常数仅为 10.9101；矿浆 pH 值继续增大为 11.83，电位为−280.00mV 时，拟合所得浮选速率常数为 7.8947。

综合本节研究结果可知，矿浆 pH 值及电位对铅锌硫化矿浮选动力学行为影响结果如下所述。

（1）在最佳矿浆 pH 值条件下，模型拟合所得的铅锌单矿物浮选速率常数由大到小的排列顺序为方铅矿、闪锌矿。例如，在矿浆 pH 值为 8.32，电位为−44.10mV 时，模型 2 拟合所得方铅矿浮选速率常数为 19.9056，在矿浆 pH 值为 9.55，电位为−121.00mV 时，模型 2 拟合所得闪锌矿浮选速率常数为 15.9603。

（2）对于铅锌硫化矿单矿物在矿浆 pH 值增大到一定值后，随着矿浆 pH 值的增大其浮选速率常数均有所减小，但是拟合所得结果表明，方铅矿浮选速率常数减小幅度相对最大。

（3）在矿浆 pH 值为 8.32，电位为-44.10mV 时，拟合所得最佳方铅矿浮选动力学模型为：

$$\varepsilon_{方铅矿} = 0.9607\left[1 - \frac{1}{19.9056t}\left(1 - e^{-19.9056t}\right)\right]$$

在矿浆 pH 值为 9.55，电位为-121.00mV 时，拟合所得最佳闪锌矿浮选动力学模型为：

$$\varepsilon_{闪锌矿} = 0.9516\left[1 - \frac{1}{15.9603t}\left(1 - e^{-15.9603t}\right)\right]$$

5.3 浮选粒度分布对铅锌硫化矿浮选动力学行为的影响

在浮选过程中，粒度分布起着重要的作用，它直接决定着矿物的解离程度也影响着矿物与气泡的附着情况，适宜的浮选粒度存在一个上、下限，太粗、太细的颗粒的浮选效果都差。矿物粒度太细，由于其质量小、动量低，难以克服气泡表面水化膜的能垒，与气泡碰撞、附着的概率小。同时，质量小，引起细粒混杂，降低精矿品位，矿物颗粒细，其比表面积大，对药剂选择性吸附，增加药剂消耗，表面能大，氧化速率高，使得细粒硫化矿物可浮性降低；矿物粒度太粗，则所需负载矿粒上浮的气泡太大，稳定性差使得矿物可浮性降低。

粒度对矿粒与气泡碰撞并附着所需感应时间有显著的影响，如果感应时间长，则气泡与矿粒形成集合体就困难，浮选速率就降低，而感应时间随粒度的增加而急剧增加，因此，粗粒浮选速率的下降很快。任何矿物在某一中间粒度有最大浮选速率，当粒度小于这一最佳值时，随着粒度增加，气泡和矿粒碰撞并形成气泡-矿粒集合体的概率增加，因此其浮选速率常数也随着增加，当粒度大于这一最佳值后，粒度对矿物和气泡碰撞并形成集合体的概率的影响虽然不大，但是粒度增大后惯性增大，使气泡和矿粒集合体在到达浮选机表面的泡沫层之前分开，因此其浮选速率降低。本节主要内容即为研究浮选粒度分布对铜铅锌硫化矿单矿物浮选动力学行为的影响。

利用 MATLAB 软件对试验所得不同粒度分布下方铅矿及闪锌矿累积回收率与所选的 4 个浮选动力学模型进行拟合。

5.3.1 浮选粒度对方铅矿单矿物浮选动力学行为的影响

分批刮泡浮选试验条件如 4.1.2 小节所述，结果见表 4-2。利用 MATLAB 软件对分批刮泡试验所得不同浮选粒度下方铅矿累积回收率与所选的 4 个浮选动力学模型进行拟合。

对于方铅矿，不同粒度分布下，4 个模型曲线拟合结果如图 5-13～图 5-17 所示，模型拟合所得浮选动力学参数见表 5-3。

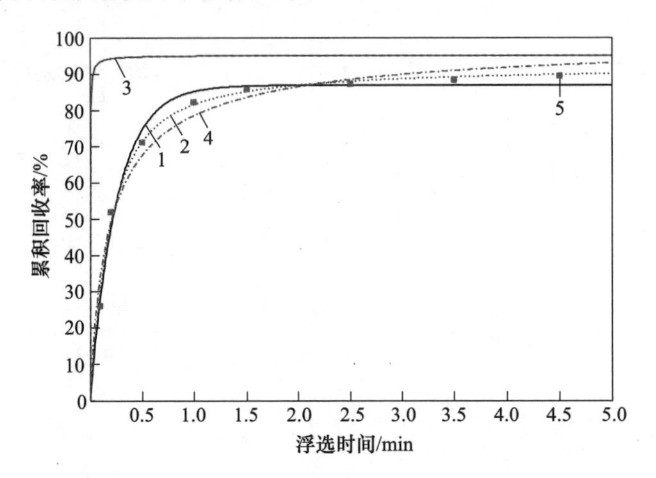

图 5-13 方铅矿粒度级为-0. 125+0. 098mm 时 4 种模型曲线拟合结果
1—模型 1；2—模型 2；3—模型 3；4—模型 4；5—试验数据

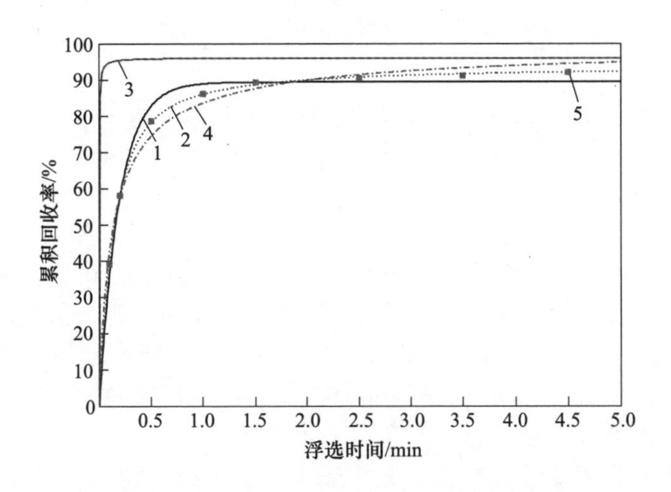

图 5-14 方铅矿粒度级为-0. 098+0. 074mm 时 4 种模型曲线拟合结果
1—模型 1；2—模型 2；3—模型 3；4—模型 4；5—试验数据

由图 5-13～图 5-17 可以得出下述结果。

(1) 粒度分布也是影响方铅矿累积回收率的因素之一，粒度大于 0. 074mm 时，随着粒度增大，方铅矿浮选累积回收率逐渐降低，粒度为-0. 054+0. 039mm 时，方铅矿累积回收率也有所降低，但降低幅度不大，粒度为-0. 074+0. 054mm 时，方铅矿单矿物浮选累积回收率最高。

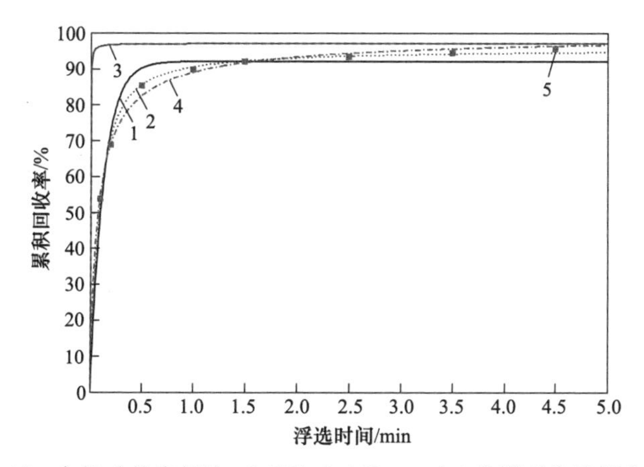

图 5-15 方铅矿粒度级为-0.074+0.063mm 时 4 种模型曲线拟合结果

1—模型 1；2—模型 2；3—模型 3；4—模型 4；5—试验数据

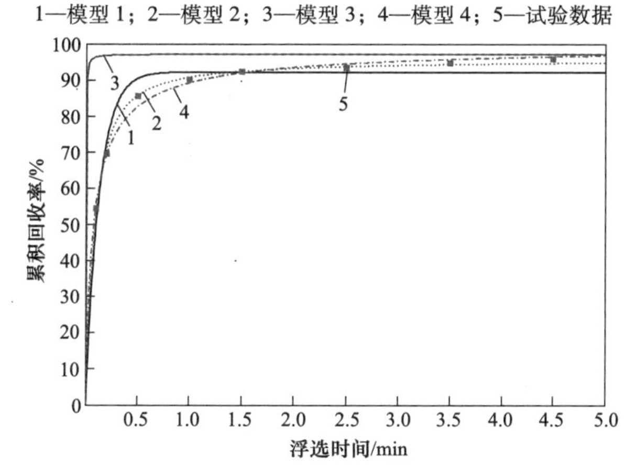

图 5-16 方铅矿粒度级为-0.063+0.054mm 时 4 种曲线模型拟合结果

1—模型 1；2—模型 2；3—模型 3；4—模型 4；5—试验数据

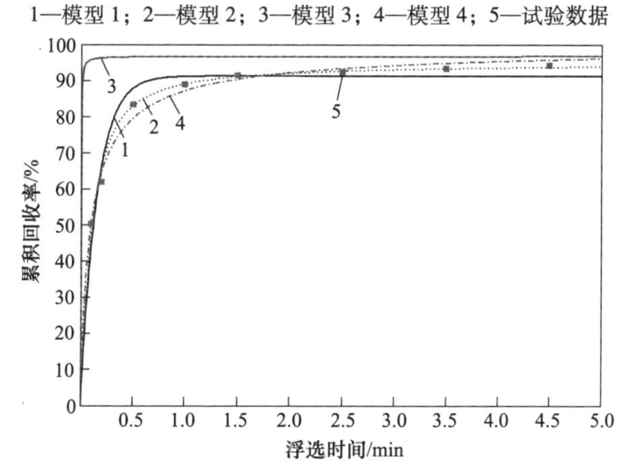

图 5-17 方铅矿粒度级为-0.054+0.039mm 时 4 种模型曲线拟合结果

1—模型 1；2—模型 2；3—模型 3；4—模型 4；5—试验数据

（2）在各粒级分布下均为模型 2 拟合效果最好，模型 3 的拟合效果最差。在刮泡时间为 0. 2min 以前，模型 1、模型 2 及模型 4 的拟合效果相近，在 0. 2min 以后，明显模型 2 的拟合效果最佳。因此，在不同粒度分布下，方铅矿的浮选行为同样均可以采用浮选速率常数符合矩形分布的一级动力学模型（模型 2）来描述，即

$$\varepsilon = \varepsilon_{\infty}\left[1 - \frac{1}{kt}(1 - e^{-kt})\right]$$

表 5-3 不同粒度分布下方铅矿浮选试验结果与 4 个模型进行拟合后所得拟合参数

试验号		1	2	3	4	5
粒度分布/mm		−0. 125+0. 098	−0. 098+0. 074	−0. 074+0. 063	−0. 063+0. 054	−0. 054+0. 039
模型 1	ε_{∞}	0. 8680	0. 8947	0. 9234	0. 9242	0. 9135
	k	3. 9065	5. 2255	7. 7325	7. 8353	6. 5334
模型 2	ε_{∞}	0. 9210	0. 9398	0. 9589	0. 9594	0. 9520
	k	8. 6676	11. 9816	18. 7426	19. 0266	15. 5983
模型 3	ε_{∞}	0. 9500	0. 9614	0. 9731	0. 9735	0. 9688
	k	5. 5238	7. 8853	12. 9602	13. 1835	10. 5817
模型 4	ε_{∞}	0. 9978	0. 9990	0. 9999	0. 9999	0. 9995
	k	11. 9898	18. 2689	32. 8321	33. 5032	25. 8941

从表 5-3 可见：对于方铅矿单矿物，矿物粒度为−0. 074+0. 063mm 及−0. 063+0. 054mm 时，浮选速率常数相近，粒度大于 0. 054mm 时，拟合所得浮选速率常数 k 值随着粒度的增大而逐渐减小，粒度为−0. 054+0. 039mm 时，浮选速率常数同样有所减小。例如，对于模型 2 而言，矿物粒度为−0. 125+0. 098mm 时，拟合所得浮选速率常数 k 值为 8. 6676；矿物粒度为−0. 098+0. 074mm 时，拟合所得浮选速率常数 k 值为 11. 9816；矿物粒度为−0. 074+0. 063mm 及−0. 063+0. 054mm 时，拟合所得浮选速率常数相近，分别为 18. 7426 及 19. 0266；矿物粒度为−0. 054+0. 039mm 时，拟合所得浮选速率常数 k 值则降低为 15. 5983。

5. 3. 2 浮选粒度对闪锌矿单矿物浮选动力学行为的影响

分批刮泡浮选试验条件如 4. 2. 2 节所述，结果见表 4-4。利用 MATLAB 软件对分批刮泡试验所得不同浮选粒度下闪锌矿累积回收率与所选的 4 个浮选动力学模型进行拟合。

对于闪锌矿，不同粒度分布下，4 个模型曲线拟合结果如图 5-18～图 5-22 所示，模型拟合所得浮选动力学参数见表 5-4。

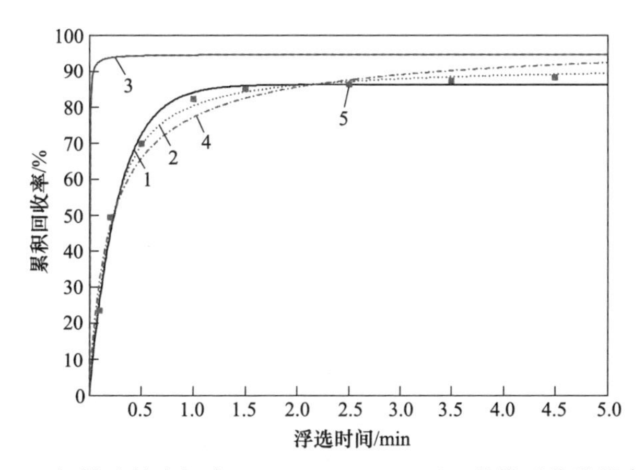

图 5-18 闪锌矿粒度级为-0.125+0.098mm 时 4 种模型曲线拟合结果

1—模型 1；2—模型 2；3—模型 3；4—模型 4；5—试验数据

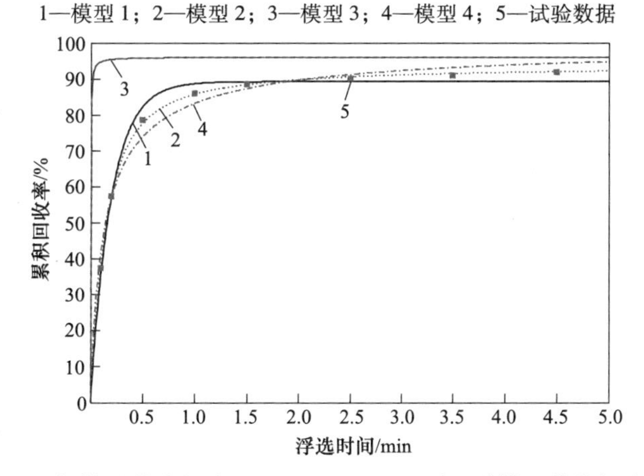

图 5-19 闪锌矿粒度级为-0.098+0.074mm 时 4 种模型曲线拟合结果

1—模型 1；2—模型 2；3—模型 3；4—模型 4；5—试验数据

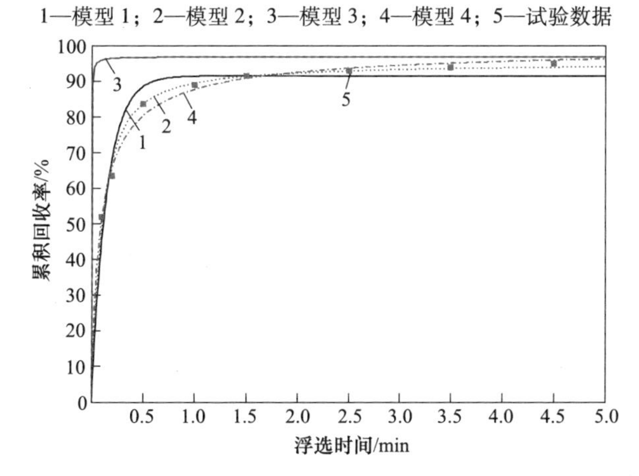

图 5-20 闪锌矿粒度级为-0.074+0.063mm 时 4 种模型曲线拟合结果

1—模型 1；2—模型 2；3—模型 3；4—模型 4；5—试验数据

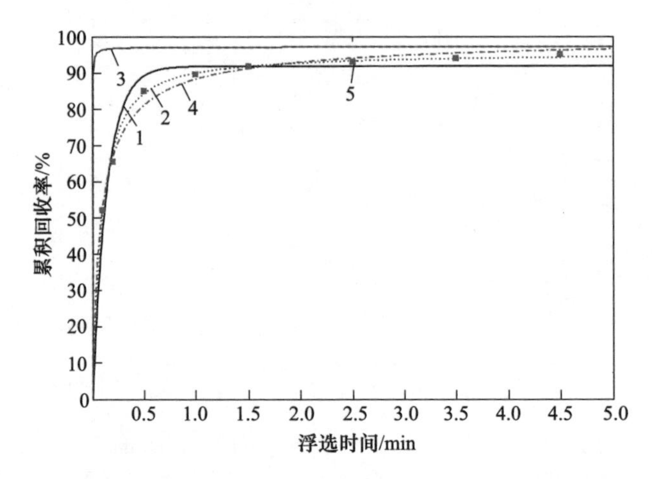

图 5-21 闪锌矿粒度级为-0.063+0.054mm 时 4 种模型曲线拟合结果

1—模型 1；2—模型 2；3—模型 3；4—模型 4；5—试验数据

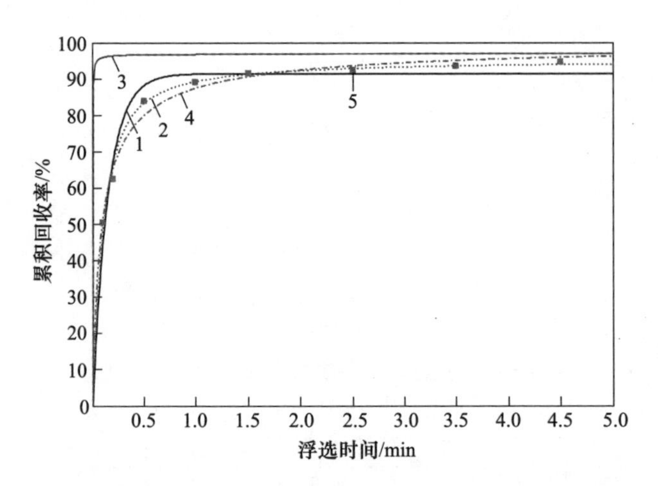

图 5-22 闪锌矿粒度级为-0.054+0.039mm 时 4 种模型曲线拟合结果

1—模型 1；2—模型 2；3—模型 3；4—模型 4；5—试验数据

由图 5-18～图 5-22 可以得出：

(1) 粒度分布也是影响闪锌矿累积回收率的因素之一，在粒度大于 0.074mm 时，随着粒度增大，闪锌矿浮选累积回收率逐渐减小，在粒度为 -0.074+0.054mm 时，方铅矿单矿物浮选累积回收率最高；在粒度为 -0.054+0.039mm 时，闪锌矿累积回收率减小的幅度很小。

(2) 在各粒级分布下均为模型 2 拟合效果最好，模型 3 的拟合效果最差。在刮泡时间为 0.2min 以前，模型 1、模型 2 及模型 4 的拟合效果相近，在 0.2min 以后，明显模型 2 的拟合效果最佳。因此，在不同粒度分布下，闪锌矿的浮选行

为同样均可以采用浮选速率常数符合矩形分布的一级动力学模型（模型2）来描述，即

$$\varepsilon = \varepsilon_{\infty}\left[1 - \frac{1}{kt}(1 - e^{-kt})\right]$$

表 5-4 不同粒度分布下闪锌矿浮选试验结果与 4 个模型进行拟合后所得的拟合参数

试验号		1	2	3	4	5
粒度分布/mm		-0.125+0.098	-0.098+0.074	-0.074+0.063	-0.063+0.054	-0.054+0.039
模型 1	ε_{∞}	0.8619	0.8930	0.9157	0.9181	0.9147
	k	3.6658	5.0684	6.8272	7.0056	6.6209
模型 2	ε_{∞}	0.9163	0.9390	0.9536	0.9552	0.9529
	k	8.1017	11.5593	16.3519	16.8459	15.8275
模型 3	ε_{∞}	0.9464	0.9612	0.9700	0.9709	0.9695
	k	5.1606	7.5785	11.1140	11.5255	10.7514
模型 4	ε_{∞}	0.9959	0.9998	0.9999	0.9999	0.9999
	k	11.0664	17.4502	27.3856	28.6267	26.3886

从表 5-4 可见，对于闪锌矿单矿物，矿物粒度为-0.074+0.063mm 及-0.063+0.054mm 时，拟合所得浮选速率常数相近，粒度大于 0.054mm 时，拟合所得浮选速率常数 k 值随着粒度的增大而逐渐减小，在粒度为-0.054+0.039mm 时，浮选速率常数同样有所减小，但是减小幅度很小。例如，对于模型 2 而言，在矿物粒度为-0.125+0.098mm 时，其拟合所得浮选速率常数 k 值为 8.1017；在矿物粒度为-0.098+0.074mm 时，拟合所得浮选速率常数 k 值为 11.5593；在矿物粒度为-0.074+0.063mm 及-0.063+0.054mm 时，拟合所得浮选速率常数相近，分别为 16.3519 及 16.8459；在矿物粒度为-0.054+0.039mm 时，拟合所得浮选速率常数 k 值为 15.8275。

综合本节研究结果可知，粒度分布对铅锌硫化矿浮选动力学行为影响结果表现在：

（1）在粒度分布为-0.074+0.063mm 及-0.063+0.054mm 时，在各单矿物最佳浮选条件下，模型拟合所得的铅锌单矿物浮选速率常数由大到小的排列顺序为：方铅矿大于闪锌矿。

（2）对于方铅矿在粒度为-0.074+0.063mm 及-0.063+0.054mm 时，浮选速率常数达到最大值，粒度过粗或过细均使浮选速率常数有所减小，对于闪锌矿，粒度过粗浮选速率常数明显减小，但是粒级为-0.054+0.039mm 时，其浮选速率常数变化不大。

（3）浮选粒度为-0.074+0.063mm 时，拟合所得最佳方铅矿浮选动力学模型为：

$$\varepsilon_{方铅矿} = 0.9589\left[1 - \frac{1}{18.7426t}(1 - e^{-18.7426t})\right]$$

拟合所得最佳闪锌矿浮选动力学模型为：

$$\varepsilon_{闪锌矿} = 0.9536\left[1 - \frac{1}{16.3519t}(1 - e^{-16.3519t})\right]$$

6 浮选粒度及浓度对铅锌硫化矿浮选分离的影响

在铅锌硫化矿表面氧化机制及电化学行为理论研究的基础上，本章重点研究浮选粒度及浓度对铅锌硫化矿浮选分离的影响。在浮选过程中，涉及固、液、气三相复杂的物理化学过程，存在着一系列影响浮选效果的工艺因素，主要包括：矿粒粒度、浮选药剂制度、浮选流程、矿浆浓度、矿浆 pH 值、浮选时间等。其中，浮选粒度及浓度对颗粒与气泡的黏附具有极大的影响，对提高矿物浮选速度和选择性密切相关。研究者发现了粒度对方铅矿浮选动力学的影响，试验表明随着方铅矿粒度的增加，浮选累积回收率呈现先升后降的规律，而浮选速度常数则逐渐降低。还有研究者提出增大粗粒浮选性的主要措施是降低矿浆的湍流强度，故需增大矿浆浓度以延缓气泡浮升速度，缩短矿化气泡浮升距离。

6.1 试验矿样

6.1.1 试样化学成分和矿物组成

试验矿样来自锡铁山生产铅锌矿石样，试样中铅、锌、硫含量相对较高，是主要回收的有价元素，其中铅、锌品位分别为 2.50%和 4.48%，而硫品位达到了 14.19%。此外，贵金属金、银可伴生回收；主要的脉石矿物是含钙、镁、铝和二氧化硅的矿物。试样多元素化学成分分析见表 6-1。

表 6-1 试样多元素化学成分分析（质量分数） （%）

成分	Cu	Pb	Zn	Fe	MnO	S	As	Na_2O
含量	0.035	2.50	4.47	18.40	0.28	17.11	0.065	1.25
成分	SiO_2	CaO	MgO	K_2O	Al_2O_3	Cd	Ag①	Au①
含量	38.50	5.96	2.46	1.02	6.83	0.037	40.35	0.31

①含量单位为 g/t。

矿石中矿物组成较为简单，其中金属矿物主要有黄铁矿、方铅矿、铁闪锌矿，其次为黄铜矿、胶状黄铁矿、磁黄铁矿、褐铁矿、菱锰矿、白铁矿。非金属矿物主要为石英、绿泥石、方解石、绢云母等。矿石中矿物赋存形式较为简单，其中铅矿物、锌矿物分别以方铅矿和铁闪锌矿形式存在，而硫铁矿物主要以黄铁矿和磁黄铁矿的形式存在，胶状黄铁矿含量较少。此外，主要有价金属矿物相对含量较高，矿石中脉石矿物种类较少，主要为石英、方解石、绿泥石和绢云母。

6.1.2 试样中主要矿物嵌布粒度及特征

将试样碎磨至-2mm 粒级内，并磨制成砂光片后进行显微分析，显微镜下测定出试样中主要金属矿物的粒级分布情况如图 6-1 所示，试样中方铅矿、铁闪锌矿和黄铁矿的显微图如图 6-2 所示。

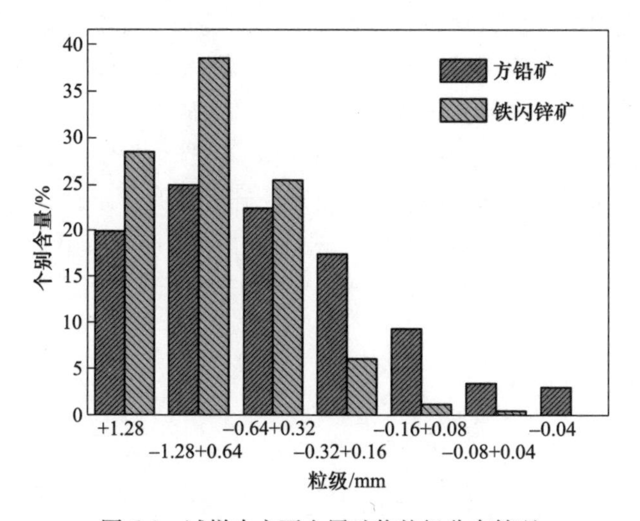

图 6-1 试样中主要金属矿物粒级分布情况

(a)

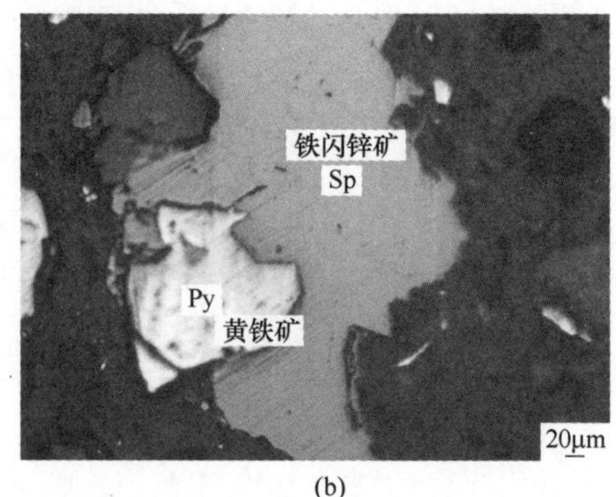

(b)

图 6-2 试样中方铅矿、铁闪锌矿和黄铁矿的显微图

(a) 方铅矿；(b) 铁闪锌矿、黄铁矿

由图 6-1 可知，试样中方铅矿、铁闪锌矿主要呈中-细粒嵌布和中粒嵌布，方铅矿主要集中分布在+1.28mm、-1.28+0.64mm、-0.64+0.32mm、-0.32+0.16mm 等4 个粒级内，其累积含量达到 80%以上；铁闪锌矿相对方铅矿而言，其嵌布粒度更粗，主要集中分布在+1.28mm、-1.28+0.64mm、-0.64+0.32mm 等 3 个粒级内，累积含量超过 90%。该试样粒级分析结果表明，在较粗的磨矿粒度下，易于实现目的矿物的分选。由图 6-2 可进一步看出，试样中方铅矿和铁闪锌矿的嵌布粒度较粗，呈规则条带状，有利于有用矿物的解离。

6.2 浮选粒度对铅锌分选效果的影响

矿物粒度分布对有用矿物的浮选具有重要影响，它直接决定着矿物的解离程度，也影响着矿物与气泡的附着、碰撞情况，适宜的浮选粒度存在一个上、下限，过粗或过细颗粒的浮选效果都差。如矿物粒度太细，因其质量小、动量低，难以克服气泡表面水化膜的能垒，与气泡碰撞、附着的概率小。同时，矿粒质量小，导致细粒混杂，降低精矿品位，矿物颗粒细，其比表面积大，对药剂吸附能力强，增大了药剂消耗，另外矿粒表面能大，氧化速率高，使得细粒硫化矿物可浮性降低；矿物粒度太粗，则所需负载矿粒上浮的气泡太大，稳定性差，使得矿物可浮性降低。

试验固定浮选矿浆浓度为 40%，药剂制度不变，考察浮选粒度对铅粗选以及锌硫混合粗选指标的影响，试验结果如图 6-3 和图 6-4 所示，并对最佳磨矿细度下的产品粒度特性进行了分析，结果见表 6-2。

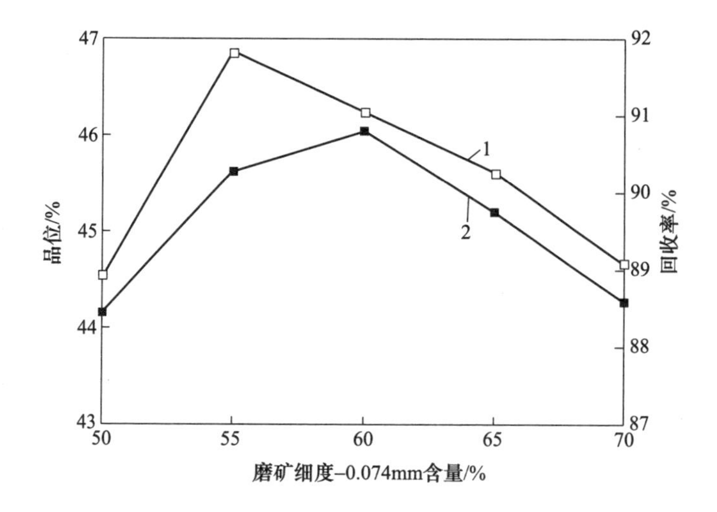

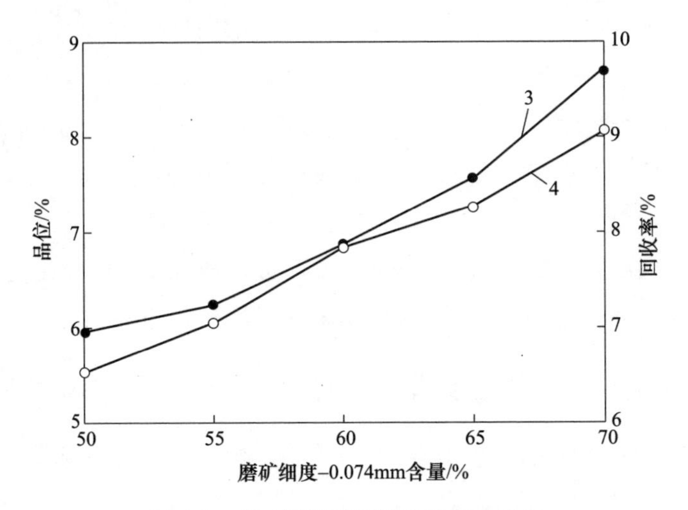

图 6-3 磨矿细度对铅粗选指标的影响

1—铅品位；2—铅回收率；3—锌品位；4—锌回收率

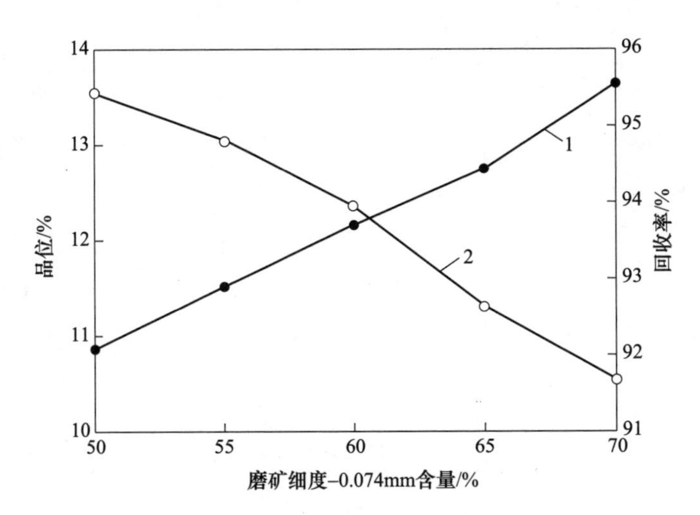

图 6-4 磨矿细度对锌硫粗选指标的影响

1—锌品位；2—锌回收率

表 6-2 磨矿细度（-0. 074mm 占 55%）产品筛析粒度特性分析结果

粒级/mm	产率/%	品位/%		分布率/%	
		铅	锌	铅	锌
+0. 30	10. 18	0. 078	0. 38	0. 32	0. 88
-0. 30+0. 15	12. 63	0. 29	4. 34	1. 47	12. 50
-0. 15+0. 074	22. 92	1. 75	5. 18	16. 06	27. 08

续表 6-2

粒级/mm	产率/%	品位/%		分布率/%	
		铅	锌	铅	锌
-0.074+0.048	3.56	3.07	5.63	4.38	4.57
-0.048+0.037	15.64	3.74	5.34	23.42	19.05
-0.037	35.07	3.87	4.49	54.35	35.92
合计	100.00	2.50	4.38	100.00	100.00

由图 6-3 可见，随磨矿细度-0.074mm 含量占 50%增大至 70%时，铅粗精矿中铅品位及回收率均呈先增大后下降变化规律，而铅粗精矿中锌品位及回收率不断增大，当磨矿细度-0.074mm 含量占 55%时，铅分选指标达到最佳。图 6-3 中结果表明，在磨矿细度为-0.074mm 含量占 50%时，矿物颗粒相对较粗，矿物解离不充分，部分粗粒铅连生体矿物及粗粒锌矿物超过气泡的负载能力，不易上浮，而部分中-细粒未解离的铅连生体矿物随易浮铅矿物一起上浮，从而导致该细度条件下铅粗精矿中铅品位及回收率相对较低；当磨矿细度-0.074mm 含量达到 55%以上时，细粒级有用金属矿物比例增大，致使细粒级的铅矿物可浮性降低，不易捕收，铅回收率下降，另外呈中粒嵌布的锌矿物产生过磨而细粒级增多，对铅捕收剂吸附能力增强，上浮速度快，混杂严重，从而影响铅精矿品位。

由图 6-4 可见，随磨矿细度-0.074mm 含量占 50%增大至 70%时，锌硫混合粗精矿中锌品位逐渐增大，但锌回收率却呈下降趋势，因此磨矿细度为-0.074mm 含量占 55%对锌浮选更为有利。图 6-4 中结果表明，磨矿细度较细时，矿粒表面能大，氧化速率高，活化不充分，对捕收剂吸附能力变弱，导致部分难浮锌矿物流失在尾矿中，降低了锌回收率。

由表 6-2 可知，在磨矿细度 0.074mm 以下占 55%的条件下，铅矿物主要分布在-0.074+0.048mm、-0.048+0.037mm 以及-0.037mm 3 个粒级，均属于泡沫浮选的最佳粒度范围，在该粒级范围内，铅品位相对较高，铅累积分布率达 82.15%；而锌累积分布率为 59.54%。由于锌矿物嵌布粒度相对较粗，在铅浮选捕收剂体系下，铅矿物上浮速度快，而气泡对锌矿物颗粒的附着概率小，负载能力不足，有益于铅锌的高效分速浮选。

6.3 浮选浓度对铅锌分选效果的影响

浮选浓度是影响选矿指标的重要工艺参数，主要表现在影响矿浆充气量、矿浆中药剂浓度以及浮选时间等。通常适当增大入浮矿料浓度，可减小颗粒（特别是粗颗粒）从气泡上脱落的概率，从而提高粗颗粒有用矿物的回收率，高浓度入料对削弱密度、粒度对上浮速度的影响具有重要作用。目前，高浓度分选技术在部分铅锌硫化矿、铁矿、金矿选矿生产中得到应用，有效降低了选矿能耗，并取得了良好的浮选指标。试验固定浮选磨矿粒度为55%，药剂制度不变，考察浮选浓度对铅锌粗选指标的影响，试验结果如图 6-5 所示。

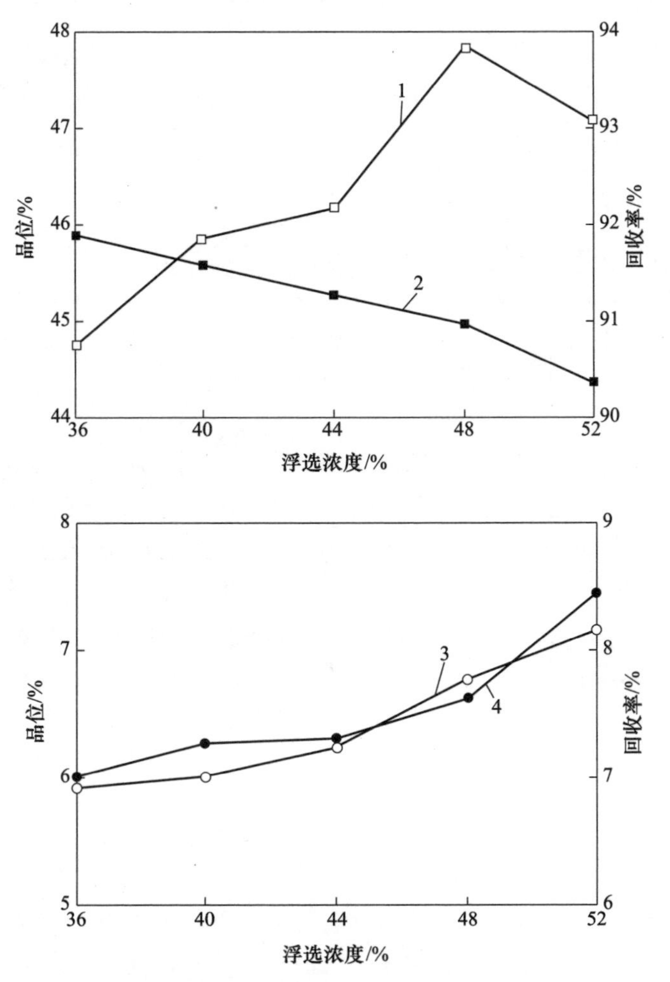

图 6-5 浮选浓度对铅锌粗选指标的影响

1—铅回收率；2—铅品位；3—锌回收率；4—锌品位

由图 6-5 可知，随铅粗选浮选浓度由 36%增大至 52%，铅粗精矿中铅回收率先增大后下降，而铅品位呈略微下降趋势；铅粗精矿中锌品位及回收率先略微提高后上升明显，综合考虑铅品位、回收率及含杂情况，选择铅作业浮选浓度为48%更为合理。图 6-5 中结果表明，高浓度浮选（48%左右）可增加液相中药剂浓度，增大气泡和矿物颗粒的碰撞概率，强化黏附，进而提高了目的矿物的浮选速度，但浮选浓度过大（≥52%）会影响气泡在矿浆中的分散，使泡沫层较厚，恶化浮选环境，铅精矿中含杂变高，影响了铅精矿质量及回收率。

在研究了浮选浓度对铅粗选作业选别指标的基础上，进一步考察锌浮选作业浓度对锌硫混合粗选指标的影响。实验室及生产现场研究发现，锌粗选浮选浓度（选铅尾矿浓度）一般比铅粗选浓度低 1.00 个百分点左右，因此，选锌作业前无需对选铅尾矿进行浓缩，即可保证锌硫混浮作业具备足够的浮选浓度，故考察锌浮选浓度分别为 35%、39%、43%、47%、51%时锌粗精矿选别指标，试验结果如图 6-6 所示。

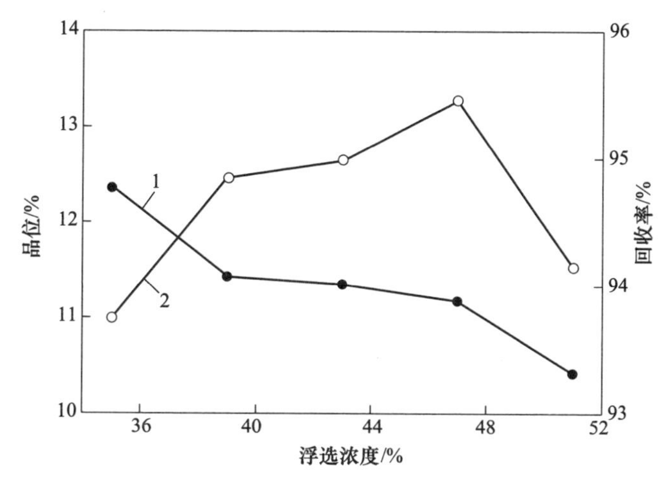

图 6-6 浮选浓度对锌粗选指标的影响

1—锌品位；2—锌回收率

由图 6-6 可知，随锌粗选作业浓度增大，锌回收率先增大后下降，但锌品位呈下降趋势，当浮选浓度为 47%时，对选锌更为有利。该结果表明，在较低浓度下（35%），矿浆中药剂浓度相对不足，气泡对锌矿物颗粒的哄抬效应减弱，对细粒锌矿物捕收能力变弱；当浮选浓度超过最佳值时，由于矿浆过浓（≥51%），使浮选机充气条件变坏，回收率下降。

6.4 浮选闭路试验

在确定了最佳磨矿细度及浮选浓度条件后，结合现场工艺流程及药剂制度进行小型闭路试验，试验结果见表 6-3。可见，在原矿含铅 2.50%、含锌 4.47%、含硫 17.11%的情况下，小型闭路试验可获得铅精矿含铅 74.82%、含锌 2.97%、铅回收率 93.41%；锌精矿含锌 46.08%、锌回收率 94.03%；硫精矿含硫 40.75%、硫回收率 71.06%的优异指标。

表 6-3 小型闭路试验结果 (%)

产品名称	产率	品位			回收率		
		Pb	Zn	S	Pb	Zn	S
铅精矿	3.12	74.82	2.97	15.64	93.41	2.07	2.85
锌精矿	9.12	0.42	46.08	31.16	1.53	94.03	16.61
硫精矿	29.84	0.21	0.39	40.75	2.51	2.60	71.06
尾矿	57.92	0.11	0.10	2.80	2.55	1.30	9.48
原矿	100.00	2.50	4.47	17.11	100.00	100.00	100.00

7 高浓度浮选技术提高选矿回收率的工艺

矿浆浓度通过影响空气在矿浆中的分散度、矿浆在浮选机中的停留时间、药剂的体积浓度及气泡与颗粒的碰撞黏附过程等，对浮选回收率、精矿品位、药剂成本、生产能力等产生较大影响。因此，高浓度浮选可增大气泡和矿物颗粒的碰撞概率，强化黏附，进而提高浮选速度、节约药剂成本和用水量，从而降低选矿能耗；同时高浓度浮选还可以提高浮选处理能力，减少流程中浮选装机容量。但浮选浓度过大会影响气泡在矿浆中的分散程度、气泡矿化效果，恶化浮选环境。

一般而言，高浓度矿浆有利于提高金属回收率，低浓度矿浆有利于提高精矿品位。但是过高或过低的矿浆浓度对浮选都不利。在实际浮选作业中，由于选别作业刮出的泡沫浓度一般都大于浮选矿浆的浓度，因此，随着选别作业数的增加矿浆浓度逐渐降低，对于多金属硫化矿物而言，若采用依次优先浮选原则流程，则后续浮选的金属矿物的粗选作业浓度将明显偏低，若低浓度浮选条件与矿石性质不适应，通常对目的矿物的浮选回收十分不利。为此，开发与矿石性质相匹配的浮选浓度环境至关重要，本章以某铅锌硫化矿浮铅尾矿为研究对象，着重研究了浓浆浮选对提高选矿回收率的影响。

南京栖霞山锌阳矿业有限公司的矿产资源属于典型的铅锌多金属硫化矿石，该公司现场工业生产采用的即为优先选铅的工艺流程，其锌的理论回收率为91%，实际回收率为90%，但锌的回收率还有提升的空间，考虑到矿浆浓度的降低将影响锌的选别，本试验主要为考察浓缩选锌对于锌回收率的影响。试验样品包括铅尾矿浆样及原矿综合样两种。

7.1 试验矿样

试验所取矿样包括有铅尾矿浆样和原矿综合样两种，其中原矿综合样按实验室制备试样的标准程序破碎至-2mm 后，以每袋 1kg 分袋，置于干燥箱中保存，以避免氧化；而铅尾矿浆样则保持原采样浓度密封保存。原矿综合样中金属硫化矿主要有闪锌矿、方铅矿、黄铁矿，矿样属于高硫铅锌银矿。矿浆样及原矿综合样中主要元素的品位见表 7-1。

表 7-1　矿浆样及原矿综合样中主要元素的品位　（%）

矿样	给矿品位			
	Pb	Zn	S	Ag/g · t^{-1}
铅尾矿浆样	0.45	6.35	20.19	110
综合样	4.28	5.79	26.86	170

7.2　铅尾浓缩选锌对比试验

本试验为将铅尾矿浆样浓缩为不同的矿浆浓度采用相同的药剂制度及浮选流程，以考察矿浆浓度对锌粗选的影响并确定最佳浮选浓度，试验流程如图 7-1 所示，实验结果见表 7-2。

从表 7-2 中可以看出，随着矿浆浓度从 25.03%增加到 45.67%，锌粗选回收率随着浓度的提高而增加，锌尾中锌的回收率随着浓度的提高而降低，锌尾中锌的回收率由 4.07%降低到 2.14%，矿浆浓度为 45.67%时，锌精矿主品位为 59.80%，开路回收率达到 89.35%。由此可见，铅尾浓缩对提高锌的回收率是有利的。综合考虑锌精矿中锌品位与回收率，矿浆浓度取 45%左右较适宜。

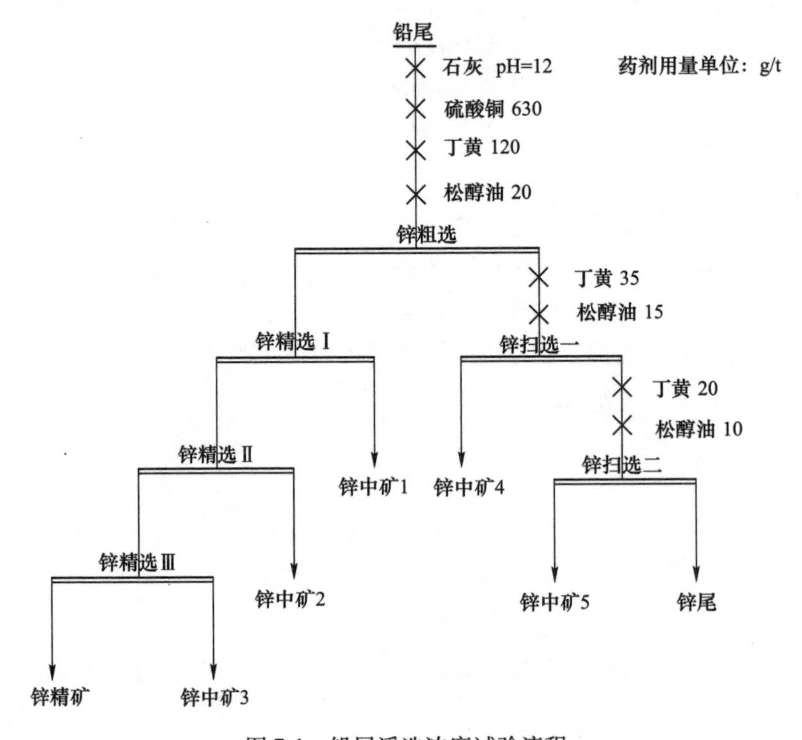

图 7-1　铅尾浮选浓度试验流程

表 7-2　铅尾浮选浓度试验对比结果　　（%）

浓度	产品名称	产率	锌品位	锌回收率
25.03	锌精矿	9.63	57.00	87.40
	锌中矿 1	3.30	2.92	1.53
	锌中矿 2	0.73	7.66	0.89
	锌中矿 3	1.11	20.33	3.59
	锌中矿 4	1.57	6.81	1.70
	锌中矿 5	1.21	4.18	0.81
	锌尾	82.45	0.31	4.07
	铅尾	100.00	6.28	100.00
36.30	锌精矿	9.01	60.76	81.13
	锌中矿 1	3.44	3.69	1.88
	锌中矿 2	2.65	9.37	3.68
	锌中矿 3	1.31	40.84	7.93
	锌中矿 4	3.33	4.44	2.19
	锌中矿 5	2.57	1.59	0.61
	锌尾	79.40	0.22	2.59
	铅尾	100.00	6.75	100.00
40.51	锌精矿	9.98	59.51	90.17
	锌中矿 1	7.13	2.38	2.58
	锌中矿 2	1.51	8.76	2.00
	锌中矿 3	0.27	10.70	0.44
	锌中矿 4	4.04	2.84	1.74
	锌中矿 5	2.20	1.36	0.45
	锌尾	74.86	0.23	2.61
	铅尾	100.00	6.59	100.00
45.67	锌精矿	9.17	59.80	89.35
	锌中矿 1	7.09	2.66	3.07
	锌中矿 2	1.71	3.56	0.99
	锌中矿 3	0.40	21.38	1.39
	锌中矿 4	5.35	2.86	2.49
	锌中矿 5	3.43	1.01	0.57
	锌尾	72.84	0.18	2.14
	铅尾	100.00	6.14	100.00

7.3 铅尾选锌闭路试验

现场锌粗选作业浓度为32%左右，为进一步验证浓缩选锌有利于锌回收率的提高，将铅尾浓缩至浓度45%左右进行闭路试验，同时，比较其与铅尾矿浆浓度为32%左右时的闭路指标，铅尾浮选闭路试验流程如图7-2所示，铅尾浓缩浮选闭路试验结果见表7-3。

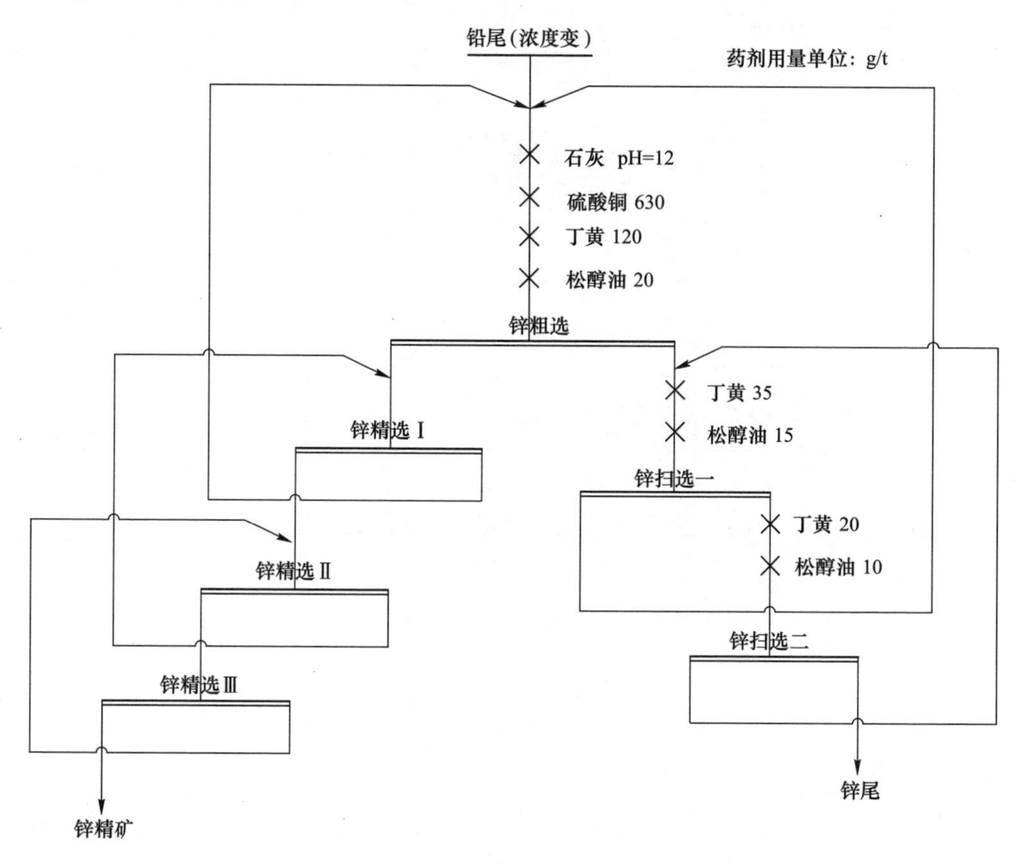

图7-2 铅尾浮选闭路试验流程

表7-3 铅尾浓缩浮选闭路试验结果 (%)

浓度	产物名称	产率	品位		回收率	
			Pb	Zn	Pb	Zn
32.07	锌精矿	10.84	1.24	53.89	28.00	91.57
	尾矿	89.16	0.39	0.60	72.00	8.43
	铅尾	100.00	0.48	6.31	100.00	100.00

续表 7-3

浓度	产物名称	产率	品位		回收率	
			Pb	Zn	Pb	Zn
45.16	锌精矿	11.58	1.03	53.16	26.51	96.49
	尾矿	88.42	0.37	0.25	73.49	3.51
	铅尾	100.00	0.45	6.38	100.00	100.00

由表 7-3 可知，铅尾浓缩至浓度为 45.16%时，锌精矿中锌的品位达到 53.16%，锌回收率为 96.49%，比铅尾浓度为 32.07%时的回收率提高了 4.92 个百分点。由此可见，提高锌浮选循环作业浓度对于提高锌的回收率是有利的。

7.4 原矿综合样浮选闭路试验

为进一步验证矿浆浓度对于浮选作业的影响，对原矿综合样进行了试验研究，在确定最佳浮选药剂条件及流程情况下，采用相同的药剂制度及浮选流程，比较综合样在铅尾不浓缩及铅尾浓缩至 45%左右时的选锌指标，综合样闭路试验流程如图 7-3 所示，原矿综合样闭路流程试验结果见表 7-4。

表 7-4 原矿综合样闭路流程试验结果 (%)

（铅尾不浓缩）闭路试验结果

产品名称	产率	品位		回收率	
		Pb	Zn	Pb	Zn
铅精矿	6.59	57.95	5.06	89.27	5.76
锌精矿	9.75	1.46	53.48	3.33	90.07
尾矿	83.66	0.38	0.29	7.40	4.17
原矿	100.00	4.28	5.79	100.00	100.00

（铅尾浓缩至 45%左右）闭路试验结果

产品名称	产率	品位		回收率	
		Pb	Zn	Pb	Zn
铅精矿	6.67	58.08	4.27	90.46	4.92
锌精矿	9.78	1.38	54.13	3.15	91.39
尾矿	83.56	0.33	0.26	6.39	3.69
原矿	100.00	4.28	5.79	100.00	100.00

由表 7-4 可知，铅尾浓缩后，锌的回收率提高了 1.32 个百分点，从而进一步证实了浓缩选锌有利于提高锌的回收率。

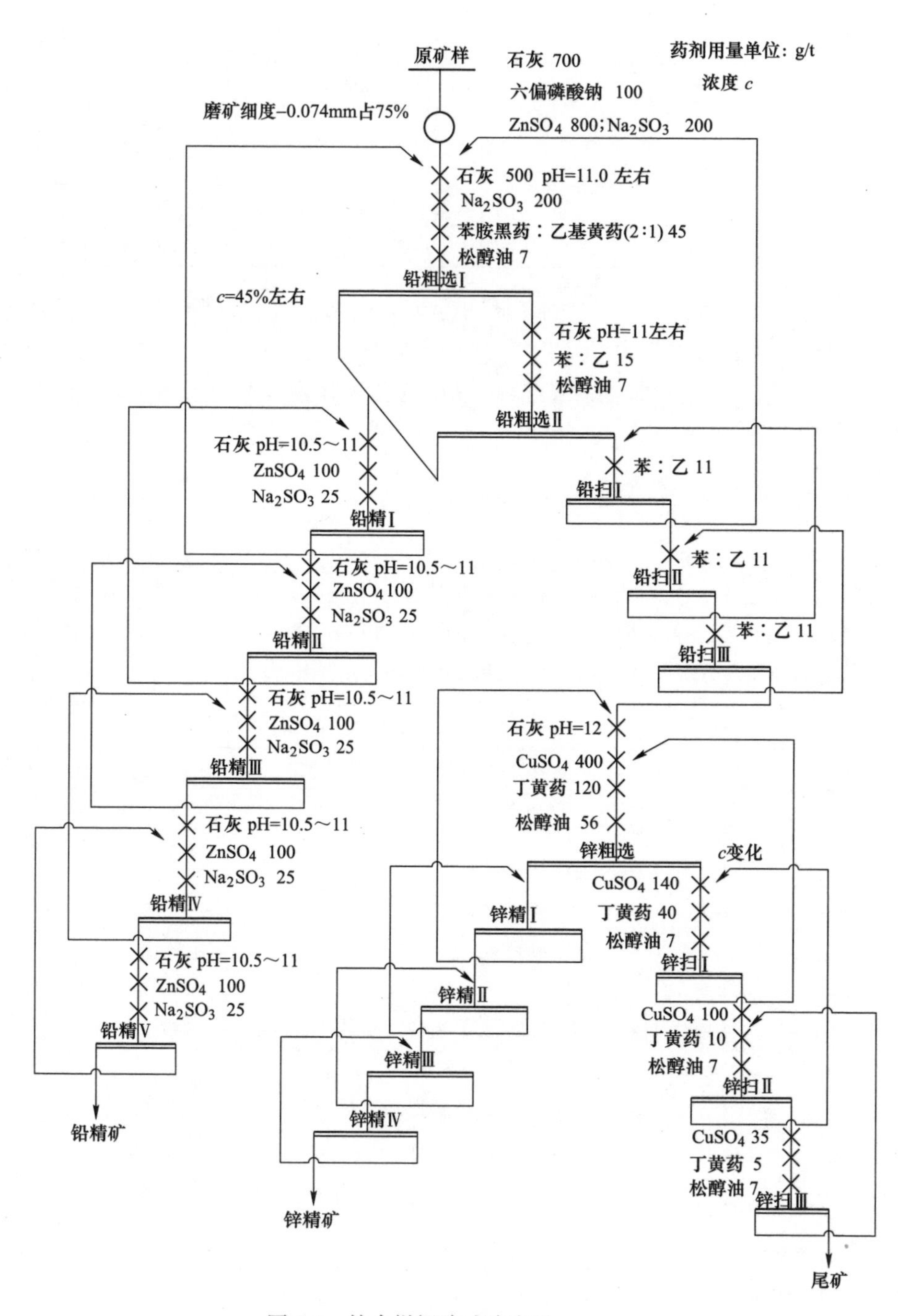

图 7-3 综合样闭路试验流程

8 铅锌硫化矿高浓度分速浮选工艺小型试验

8.1 铅锌硫化矿高浓度分速浮选工艺设计

硫化矿浮选的本质是矿物浮选矿浆环境下的电化学变化的过程，而浮选粒度和浓度又是影响浮选指标的重要工艺参数。矿物粒度分布对有用矿物的浮选产生重要作用，浮选粒度与有用矿物的嵌布粒度密切相关，它直接决定着矿物的解离程度，也影响着矿物与气泡的附着、碰撞情况，适宜的浮选粒度存在一个上、下限，过粗或过细颗粒的浮选效果都差。如矿物粒度太细，因其质量小、动量低，难以克服气泡表面水化膜的能垒，与气泡碰撞、附着的概率小。同时，矿粒质量小，导致细粒混杂，降低精矿品位，矿物颗粒细，其比表面积大，对药剂吸附能力强，增大了药剂消耗，另外矿粒表面能大，氧化速率高，使得细粒硫化矿物可浮性降低；矿物粒度太粗，则所需负载矿粒上浮的气泡太大，稳定性差，使得矿物可浮性降低。浮选浓度主要表现在影响矿浆充气量、矿浆中药剂浓度以及浮选时间，具体通过影响矿物浮选时间，浮选机的生产能力、耗能、药剂用量以及矿物精矿品位和回收率等因素深入影响选矿综合技术经济指标。

因此围绕浮选粒度及浓度对矿物浮选的重要影响，提出了两种选矿技术新思路：

（1）针对矿石中铅锌矿物嵌布粒度不均匀，单体解离不一，且主要以细粒级形式存在，因此围绕铅锌矿物嵌布特征与矿物可浮性关系，采用分步分速优先浮选工艺进行分选，即将嵌布粒度粗、可浮性好的铅锌矿物优先快速浮选，而嵌布粒度细、可浮性较差的铅锌矿物其次浮选，利用铅锌矿物的嵌布特征与可浮性差异进行分步浮选，有利于铅锌银选矿回收率的提高。

（2）适当增大入浮矿料浓度，可减小颗粒（特别是粗颗粒）从气泡上脱落的概率，从而提高粗颗粒有用矿物的回收率，同时高浓度入料对削弱密度、粒度对上浮末速度的影响具有重要作用，并且有效强化气泡对矿物的负载能力，提高难浮粗粒矿物的浮选速度，还能大幅降低选矿能耗及节省选矿药剂用量。

铅锌硫化矿高浓度分速浮选工艺设计的目的：

（1）充分利用铅锌铁硫化矿在不同矿浆 pH 值和矿浆电位 E_h 条件下的可浮性差异及浮选环境的影响，采用硫化矿电位调控优先浮选工艺，提高分选过程的选择性，实现铅、锌、铁硫化矿的依次优先浮选分离。

（2）采用对环境友好，清洁高效的浮选药剂，利用电位调控方法将矿浆 pH 值和矿浆电位 E_h 维持稳定在合适范围，控制各硫化矿的浮选行为，扩大分选矿物之间的浮游性质差异，以减少浮选药剂的无谓消耗，达到降低药剂成本的目的。

（3）根据锌铁硫化矿在不同矿浆 pH 值和不同电位 E_h 下的浮游性质差异与氧化行为，根据不同的浮选目的，确定适宜的强化抑制与活化方案。

（4）应用硫化铅锌矿物粒度与浮选速度关系及影响规律，通过将易选、可浮性好的铅锌矿物优先快速浮选分离，难选、可浮性差的铅锌矿物强化浮选，利用铅锌矿物分速浮选特征有利于铅锌矿物浮现回收率的提高和分离作业抑制剂用量的降低。

（5）基于浮选浓度对铅锌硫化矿物的影响规律与浮选行为机制，突破了传统工艺将浮选浓度定为 35%左右的思路和局限，将浮选浓度提高至 48%～52%，强化了气泡对铅锌有用矿物的哄抬效应，提高了铅锌银硫矿物分选效率及选矿回收率，降低了选别作业水耗、能耗与药耗。

（6）考虑浮选体系中各种氧化-还原行为及其对电位浮选的影响，在浮选药剂的添加方式、浮选时间、流程结构等方面对传统浮选工艺参数进行适当调整，以便使新工艺取得更好的效果。

铅锌硫化矿石的高浓度分速浮选工艺的主要参数及设计基础：

（1）矿浆 pH 值和矿浆电位 E_h。对铅锌硫化矿石，采用电位调控铅-锌（-硫）依次优先浮选工艺。铅浮选循环矿浆 pH 值为 11.8～12.2，与此相适应的矿浆电位 E_h 为-250～-300mV（电位计直观读数，换算为标准氢标电位为 110～190mV），采用石灰作调整剂以维持矿浆 pH 值和矿浆电位 E_h，添加亚硫酸钠以调节矿浆的氧化还原气氛，进而控制锌铁硫化矿的表面成分，为了避免因亚硫酸钠的过量添加而导致硫化铁矿物恢复活性，同时添加一定量的硫酸锌。对于含硫化铁较多的铅锌矿石，在选锌过程中涉及抑硫浮锌的问题，对此的设计为：采用硫酸铜作活化剂，添加亚硫酸钠以调节矿浆的氧化还原气氛，根据铁闪锌矿的含量特征选择适宜的矿浆 pH 值和矿浆电位 E_h 进行浮选。

（2）浮选药剂的选择及加入地点。选用乙硫氮作优先浮铅捕收剂，选用丁基黄药作硫化锌矿物的捕收剂。为了克服矿浆中难免离子的影响，铅粗选时，石灰、亚硫酸钠、硫酸锌等电位调整剂直接加入到球磨机中。

(3) 浮选时间及流程结构。与传统铅锌浮选工艺不同，新工艺中铅、锌矿物的浮选速度明显加快，新工艺的浮选时间将比传统工艺的浮选时间要短，尤其是在分选高品位的铅锌矿石时，此时可根据情况设置快速浮选流程。

(4) 浮选粒度。浮选粒度选择要保证在有用矿物充分单体解离的情况下，尽量使有用矿物粒度偏粗，不易过细或过粉碎。

(5) 浮选浓度。根据铅锌硫化矿矿石性质特征，在能稳定浮选过程、满足铅锌精矿品位和低于浮选机生产能力负荷等条件下，设定浮选浓度为48%~52%。

8.2 南京栖霞山铅锌矿石的小型试验

8.2.1 铅快速浮选捕收剂种类与用量对铅银浮选指标的影响

图8-1给出了铅粗选的流程及药剂条件，在磨矿细度-0.074mm含量为75%、浮选浓度为35%、矿浆pH值为10.0的条件下，考察铅银捕收剂种类和用量对浮选指标的影响，试验结果见表8-1和表8-2。由表8-1可知，各种捕收剂都对铅银矿物有一定的捕收作用，其中乙硫氮和丁基黄药捕收能力较强，但其选择性较差；丁铵黑药选择性较强，但捕收能力较弱；而LP-02作铅矿物捕收剂时不论选择性还是捕收能力都较强，铅精矿中铅、银品位最高，且杂质锌、硫的含量最低，可实现低碱介质中铅银矿物的优先浮选。由表8-2可知，随LP-02用量的增加，铅精矿中铅银回收率逐渐升高。当LP-02用量为60g/t时，铅银回收率较高，此后若继续增大捕收剂用量，铅银回收率升高不明显而品位有所下降。因此，选取铅快选捕收剂LP-02用量为60g/t。

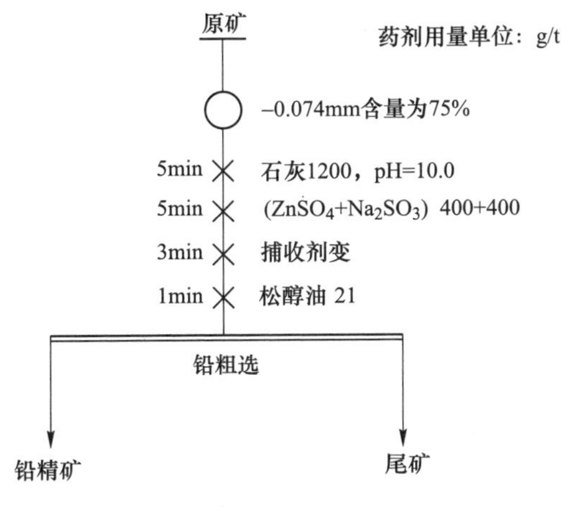

图8-1 捕收剂种类及用量条件试验流程

表 8-1 捕收剂种类对铅银浮选的影响 (%)

捕收剂种类	产品名称	产率	品位			回收率		
			Pb	Zn	Ag/g · t^{-1}	Pb	Zn	Ag
乙硫氮 50g/t	铅精矿	15.05	5.64	1.34	220	64.77	6.42	41.90
	尾矿	84.96	0.54	3.46	54	35.23	93.58	58.10
	原矿	100.00	1.31	3.14	79	100.00	100.00	100.00
丁铵黑药 50g/t	铅精矿	5.07	10.83	4.15	680	42.56	6.64	42.55
	尾矿	94.93	0.78	3.12	49	57.44	93.36	57.45
	原矿	100.00	1.29	3.17	81	100.00	100.00	100.00
丁基黄药 50g/t	铅精矿	20.12	4.33	1.11	170	66.01	7.14	41.72
	尾矿	79.88	0.56	3.64	60	33.99	92.86	58.28
	原矿	100.00	1.32	3.13	82	100.00	100.00	100.00
Y-89 50g/t	铅精矿	11.96	7.31	1.68	280	67.22	6.38	41.84
	尾矿	88.05	0.48	3.35	53	32.78	93.62	58.16
	原矿	100.00	1.30	3.15	80	100.00	100.00	100.00
LP-02 50g/t	铅精矿	2.63	32.13	6.79	1230	65.03	5.67	41.49
	尾矿	97.37	0.47	3.05	47	34.97	94.33	58.51
	原矿	100.00	1.30	3.15	78	100.00	100.00	100.00
乙硫氮+丁铵黑药 25g/t+25g/t	铅精矿	8.02	10.11	2.54	435	62.89	6.51	43.09
	尾矿	91.98	0.52	3.18	50	37.11	93.49	56.91
	原矿	100.00	1.29	3.13	81	100.00	100.00	100.00
乙硫氮+苯胺黑药 25g/t+25g/t	铅精矿	10.23	8.41	1.99	330	66.19	6.53	43.29
	尾矿	89.77	0.49	3.25	49	33.81	93.47	56.71
	原矿	100.00	1.30	3.12	78	100.00	100.00	100.00
LP-02+乙硫氮 25g/t+25g/t	铅精矿	5.57	15.55	3.76	620	67.13	6.67	43.16
	尾矿	94.43	0.45	3.10	48	32.87	93.33	56.84
	原矿	100.00	1.29	3.14	80	100.00	100.00	100.00
LP-02+Y-89 25g/t+25g/t	铅精矿	8.52	9.97	2.34	380	64.85	6.31	41.51
	尾矿	91.48	0.50	3.24	50	35.15	93.69	58.49
	原矿	100.00	1.31	3.16	78	100.00	100.00	100.00
LP-02+丁铵黑药 25g/t+25g/t	铅精矿	2.84	29.13	6.37	1250	63.57	5.77	44.89
	尾矿	97.16	0.49	3.04	45	36.43	94.23	55.11
	原矿	100.00	1.30	3.13	79	100.00	100.00	100.00

表 8-2 LP-02 用量对铅银浮选指标的影响 (%)

LP-02 用量 /g·t^{-1}	产品名称	产率	品位			回收率		
			Pb	Zn	Ag/g·t^{-1}	Pb	Zn	Ag
40	铅精矿	2.63	32.13	6.79	1230	64.53	5.65	39.95
	尾矿	97.37	0.48	3.06	50	35.47	94.35	60.05
	原矿	100.00	1.31	3.16	81	100.00	100.00	100.00
60	铅精矿	2.90	30.40	6.79	1192	67.75	6.24	43.17
	尾矿	97.10	0.43	3.04	47	32.25	93.76	56.83
	原矿	100.00	1.30	3.15	80	100.00	100.00	100.00
80	铅精矿	2.94	30.01	5.83	1185	68.46	5.50	43.59
	尾矿	97.06	0.42	3.04	46	31.54	94.50	56.41
	原矿	100.00	1.29	3.12	80	100.00	100.00	100.00
100	铅精矿	3.02	29.11	5.67	1165	68.70	5.46	44.55
	尾矿	96.98	0.41	3.06	45	31.30	94.54	55.45
	原矿	100.00	1.28	3.14	79	100.00	100.00	100.00

8.2.2 铅快选抑制剂或（$ZnSO_4$+Na_2SO_3）用量对铅银浮选指标的影响

要实现铅银矿物的优先浮选，锌矿物的抑制是关键，而锌矿物抑制剂中 $ZnSO_4$ 与 Na_2SO_3 配合使用效果最佳，已在选矿厂得到了验证。因此本次试验也采用组合抑制剂（$ZnSO_4$+Na_2SO_3）作锌矿物抑制剂，并固定其配比为 1∶1，考察（$ZnSO_4$+Na_2SO_3）的总用量对铅银矿物浮选指标的影响，（$ZnSO_4$+Na_2SO_3）用量试验流程如图 8-2 所示，其试验结果见表 8-3。

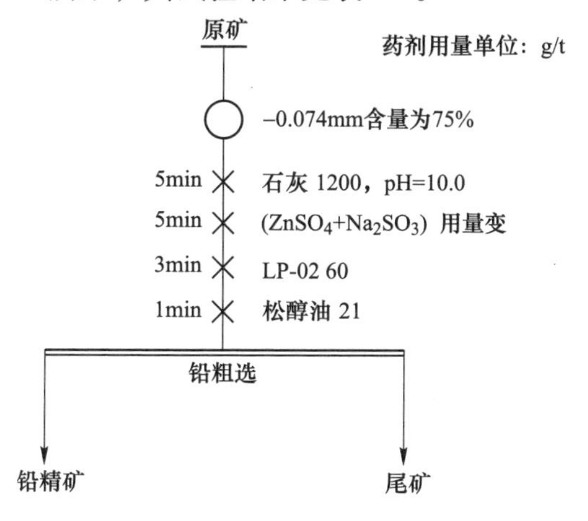

图 8-2 （$ZnSO_4$+ Na_2SO_3）用量条件试验流程

表 8-3 （$ZnSO_4$+Na_2SO_3）用量对铅银浮选的影响试验结果 （%）

（$ZnSO_4$+Na_2SO_3）用量/$g \cdot t^{-1}$	产品名称	产率	品位			回收率		
			Pb	Zn	Ag/$g \cdot t^{-1}$	Pb	Zn	Ag
350+350	铅精矿	2.91	30.37	7.42	1185	67.51	6.90	43.13
	尾矿	97.09	0.44	3.00	47	32.49	93.10	56.87
	原矿	100.00	1.31	3.13	80	100.00	100.00	100.00
400+400	铅精矿	2.90	30.41	6.78	1190	67.72	6.23	43.61
	尾矿	97.11	0.43	3.04	46	32.28	93.77	56.39
	原矿	100.00	1.30	3.15	79	100.00	100.00	100.00
450+450	铅精矿	2.89	30.42	5.83	1190	66.53	5.36	44.05
	尾矿	97.11	0.45	3.06	45	33.47	94.64	55.95
	原矿	100.00	1.32	3.14	78	100.00	100.00	100.00
500+500	铅精矿	2.87	30.47	5.67	1195	67.34	5.17	42.92
	尾矿	97.13	0.44	3.08	47	32.66	94.83	57.08
	原矿	100.00	1.30	3.15	80	100.00	100.00	100.00

由表8-3可知，随组合抑制剂（$ZnSO_4$+Na_2SO_3）用量的增加，铅粗精矿中锌含量逐渐降低，当（$ZnSO_4$+Na_2SO_3）总用量为900g/t时，铅粗精矿中铅银浮选指标最佳，杂质锌的含量最低。因此，选取组合抑制剂（$ZnSO_4$+Na_2SO_3）的总用量为900g/t。

8.2.3 铅快选（$ZnSO_4$+Na_2SO_3）配比对铅银浮选指标的影响

确定（$ZnSO_4$+Na_2SO_3）组合抑制剂总用量为900g/t，考察$ZnSO_4$与Na_2SO_3的配比对铅银浮选指标的影响，试验流程如图8-3所示，试验结果见表8-4。

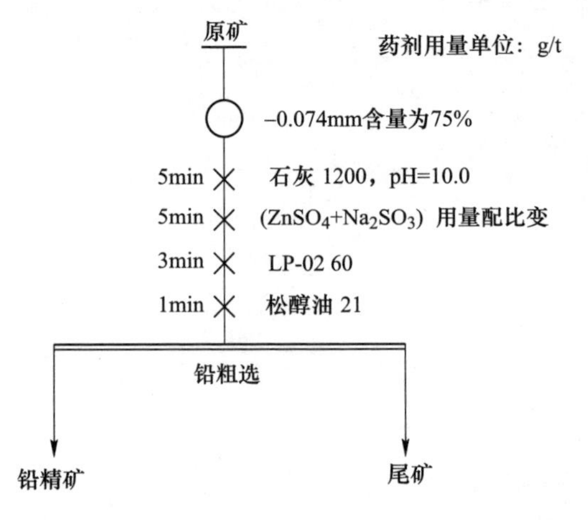

图 8-3 （$ZnSO_4$+ Na_2SO_3）配比条件试验流程

表 8-4 （$ZnSO_4$+Na_2SO_3）配比对铅银浮选的影响试验结果 （%）

（$ZnSO_4$+Na_2SO_3）配比	产品名称	产率	品位			回收率		
			Pb	Zn	Ag/g·t^{-1}	Pb	Zn	Ag
1∶3	铅精矿	2.91	30.42	7.24	1200	67.62	6.67	43.14
	尾矿	97.09	0.44	3.04	47	32.38	93.33	56.86
	原矿	100.00	1.31	3.16	81	100.00	100.00	100.00
1∶2	铅精矿	2.89	30.44	5.81	1190	67.65	5.33	42.97
	尾矿	97.11	0.43	3.07	47	32.35	94.67	57.03
	原矿	100.00	1.30	3.15	80	100.00	100.00	100.00
1∶1	铅精矿	2.88	30.48	6.78	1185	67.10	6.25	43.26
	尾矿	97.12	0.44	3.02	46	32.90	93.75	56.74
	原矿	100.00	1.31	3.13	79	100.00	100.00	100.00
2∶1	铅精矿	2.86	30.43	5.83	1185	67.56	5.30	42.42
	尾矿	97.14	0.43	3.07	47	32.44	94.70	57.58
	原矿	100.00	1.29	3.15	80	100.00	100.00	100.00
3∶1	铅精矿	2.88	30.47	5.57	1180	67.06	5.10	42.00
	尾矿	97.12	0.44	3.08	48	32.94	94.90	58.00
	原矿	100.00	1.31	3.15	81	100.00	100.00	100.00

由表 8-4 可见，随 $ZnSO_4$ 用量的增加，铅粗精矿中杂质锌含量逐渐降低，当 $ZnSO_4$ 与 Na_2SO_3 配比为 2∶1 时，铅粗精矿浮选指标最好，杂质锌含量最低。因此，选取组合抑制剂（$ZnSO_4$+Na_2SO_3）的配比为 2∶1，即 $ZnSO_4$ 用量为 600g/t，Na_2SO_3 用量为 300g/t。

8.2.4 铅快选矿浆 pH 值对铅银浮选指标的影响

在磨矿细度-0.074mm 含量为 75%、浮选浓度为 35%、LP-02 60g/t 的条件下，考察矿浆 pH 值对铅银浮选指标的影响，其试验流程如图 8-4 所示，试验结果见表 8-5。

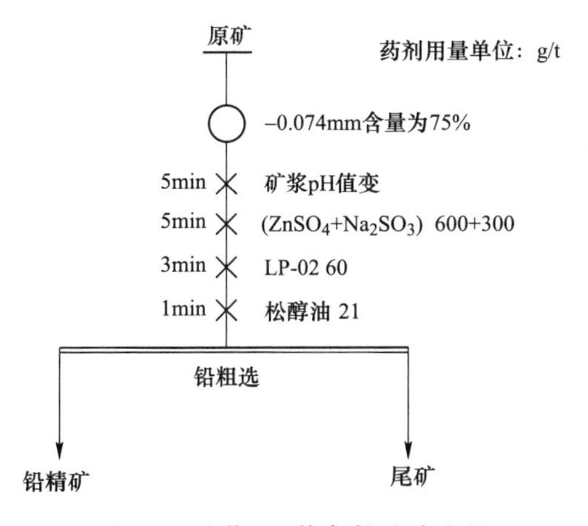

图 8-4 矿浆 pH 值条件试验流程

表 8-5 矿浆 pH 值对铅银浮选指标的影响试验结果 (%)

石灰用量 /g·t^{-1}	产品名称	产率	品位			回收率		
			Pb	Zn	Ag/g·t^{-1}	Pb	Zn	Ag
500 pH=7.0	铅精矿	10.23	8.35	2.12	345	65.22	6.93	44.68
	尾矿	89.77	0.51	3.25	49	34.78	93.07	55.32
	原矿	100.00	1.31	3.13	79	100.00	100.00	100.00
650 pH=8.0	铅精矿	4.21	20.15	5.11	835	65.29	6.85	43.96
	尾矿	95.79	0.47	3.05	47	34.71	93.15	56.04
	原矿	100.00	1.30	3.14	80	100.00	100.00	100.00
800 pH=9.0	铅精矿	3.01	29.12	5.79	1195	66.45	5.54	43.37
	尾矿	96.99	0.46	3.07	48	33.55	94.46	56.63
	原矿	100.00	1.32	3.15	83	100.00	100.00	100.00
1200 pH=10.0	铅精矿	2.89	30.43	5.83	1195	67.18	5.40	42.67
	尾矿	97.11	0.44	3.04	48	32.82	94.60	57.33
	原矿	100.00	1.31	3.12	81	100.00	100.00	100.00

由表 8-5 及试验现象可见，当不加石灰时，在自然矿浆 pH 介质中（pH = 7.0），铅精矿中含有明显较多的黄铁矿，而随矿浆 pH 值的升高，黄铁矿上浮量逐渐减少；当矿浆 pH 值为 9.0 时，黄铁矿得到了适度的抑制，且 LP-02 选择性极高，所得铅精矿中黄铁矿含量较低，铅银浮选指标最佳。因此，选取铅快选石灰用量为 800g/t，即矿浆 pH 值为 9.0 左右最为合适。

8.2.5 铅快选磨矿细度对铅银浮选指标的影响

在矿浆 pH 值为 9.0、浮选浓度为 35%、LP-02 用量为 60g/t 的条件下，考察磨矿细度对铅银浮选指标的影响，其试验流程如图 8-5 所示，试验结果见表 8-6。

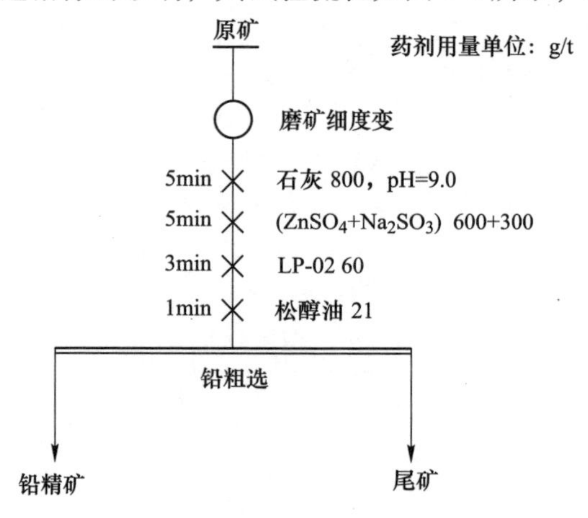

图 8-5 磨矿细度条件试验流程

表 8-6　磨矿细度对铅银浮选指标的影响试验结果　（%）

磨矿细度 -0.074mm 含量	产品名称	产率	品位			回收率		
			Pb	Zn	$Ag/g \cdot t^{-1}$	Pb	Zn	Ag
70	铅精矿	2.82	30.78	5.77	1210	65.83	5.14	41.66
75	铅精矿	2.89	30.43	5.81	1195	67.70	5.33	43.75
80	铅精矿	3.14	29.01	5.79	1155	70.59	5.75	45.32
85	铅精矿	3.16	29.05	5.71	1165	71.05	5.74	45.38

由表 8-6 可见，随磨矿细度-0.074mm 含量的增加，铅粗精矿中铅银回收率逐渐升高。当磨矿细度为 80%时，铅粗精矿中铅回收率为 70.59%，银回收率为 45.32%，此后若继续增大磨矿细度，铅银回收率升高不明显。因此，选取铅粗选磨矿细度为 80%较为合适。

8.2.6　入选矿浆浓度对铅银浮选指标的影响

在矿浆 pH 值为 9.0、磨矿细度-0.074mm 含量为 80%、LP-02 用量为 60g/t 的条件下，将磨矿后的溢流进行了浓缩，考察不同的给矿浓度对铅银浮选指标的影响，其试验流程如图 8-6 所示，试验结果见表 8-7。

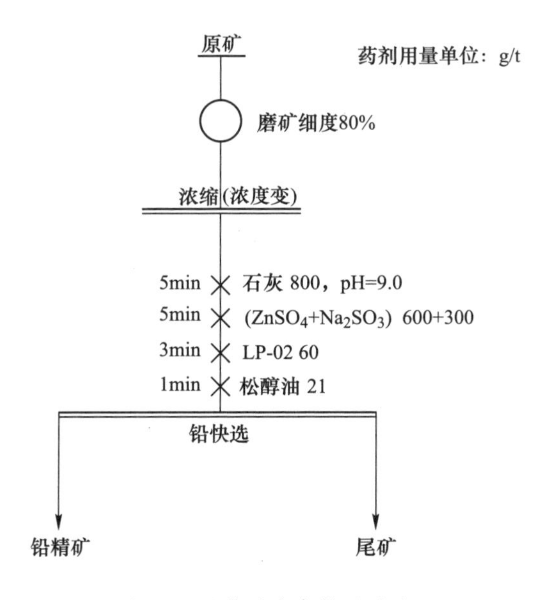

图 8-6　矿浆浓度条件试验流程

表 8-7 矿浆浓度对铅银浮选指标的影响试验结果 (%)

矿浆浓度/g·t^{-1}	产品名称	产率	品位			回收率		
			Pb	Zn	Ag/g·t^{-1}	Pb	Zn	Ag
55.0	铅精矿	3.59	29.10	5.71	1150	80.34	6.53	51.59
	尾矿	96.41	0.27	3.04	40	19.66	93.47	48.41
	原矿	100.00	1.30	3.14	80	100.00	100.00	100.00
50.0	铅精矿	3.59	29.13	5.61	1145	80.42	6.41	51.37
	尾矿	96.41	0.26	3.05	40	19.58	93.59	48.63
	原矿	100.00	1.30	3.14	80	100.00	100.00	100.00
45.0	铅精矿	3.52	28.52	5.77	1145	75.97	6.40	49.10
	尾矿	96.48	0.33	3.08	43	24.03	93.60	50.90
	原矿	100.00	1.32	3.17	82	100.00	100.00	100.00
39.0	铅精矿	3.34	28.12	5.76	1150	71.61	6.10	46.22
	尾矿	96.66	0.38	3.06	46	28.39	93.90	53.78
	原矿	100.00	1.31	3.15	83	100.00	100.00	100.00

由表 8-7 可见，对磨矿溢流进行浓缩后，铅银回收率明显升高，且随浮选浓度的升高，铅精矿中铅银矿物回收率逐渐提高，当浮选浓度由 27.0%提高到 50.0%时，铅精矿中铅回收率由 60.31%升高到 80.42%，而银回收率由 42.68%升高到 51.37%，同时铅的主品位也由 27.56%提高到 29.13%。可见提高浮选浓度对铅银回收率和主金属铅品位的提升有明显的促进作用，且当铅粗选浮选浓度为 50.0%左右最为合适。

8.2.7 铅慢选捕收剂种类对铅银浮选指标的影响

将磨矿溢流浓缩至 50.0%左右，在矿浆 pH 值为 9.0 的碱性介质中，以 LP-02 作铅快选捕收剂，($ZnSO_4$+Na_2SO_3) 作闪锌矿抑制剂，优先浮选易选的铅银矿物，而另一部分可浮性较差的铅银矿物需采用捕收能力较强的捕收剂进行慢选回收。为此，本次试验考察了铅慢选捕收剂种类对铅及伴生银浮选指标的影响，其试验流程如图 8-7 所示，试验结果见表 8-8。

由表 8-8 可见，组合捕收剂（乙硫氮+丁铵黑药）对铅银矿物不论选择性与捕收能力都较好。因此，选取组合捕收剂（乙硫氮+丁铵黑药）作为铅慢选的捕收剂。

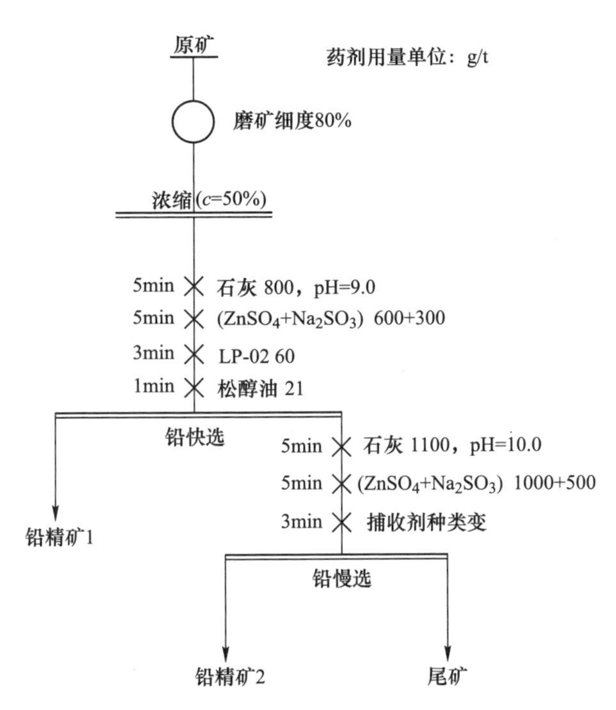

图 8-7　铅慢选捕收剂种类条件试验流程

表 8-8　铅慢选捕收剂种类对铅银浮选指标的影响试验结果　　（%）

捕收剂种类用量 /g·t^{-1}	产品名称	产率	品位			回收率		
			Pb	Zn	Ag/g·t^{-1}	Pb	Zn	Ag
乙硫氮 40	铅精矿 1	3.55	29.31	5.76	1150	80.06	6.49	51.05
	铅精矿 2	1.22	4.24	6.01	270	3.98	2.33	4.12
	尾矿	95.23	0.22	3.02	38	15.96	91.18	44.83
	原矿	100.00	1.30	3.15	80	100.00	100.00	100.00
LP-02 40	铅精矿 1	3.53	29.64	5.78	1150	80.46	6.48	51.37
	铅精矿 2	0.63	8.11	5.34	540	3.96	1.07	4.33
	尾矿	95.84	0.21	3.04	37	15.58	92.45	44.29
	原矿	100.00	1.30	3.15	79	100.00	100.00	100.00
乙硫氮+丁铵黑药 20+20	铅精矿 1	3.57	29.13	5.61	1140	80.55	6.39	51.47
	铅精矿 2	1.43	4.68	6.12	350	5.20	2.80	6.35
	尾矿	95.00	0.19	2.99	35	14.25	90.80	42.17
	原矿	100.00	1.29	3.13	79	100.00	100.00	100.00

续表 8-8

捕收剂种类用量 /g·t^{-1}	产品名称	产率	品位			回收率		
			Pb	Zn	Ag/g·t^{-1}	Pb	Zn	Ag
乙硫氮+苯胺黑药 20+20	铅精矿 1	3.56	29.64	5.74	1155	80.48	6.46	50.72
	铅精矿 2	1.13	4.81	5.78	300	4.15	2.07	4.19
	尾矿	95.31	0.21	3.03	38	15.37	91.47	45.09
	原矿	100.00	1.31	3.16	81	100.00	100.00	100.00
乙硫氮+丁铵黑药+苯胺黑药 20+10+10	铅精矿 1	3.54	29.33	5.78	1135	80.58	6.52	51.57
	铅精矿 2	1.23	4.73	5.34	290	4.51	2.09	4.58
	尾矿	95.23	0.20	3.01	36	14.91	91.38	43.85
	原矿	100.00	1.29	3.14	78	100.00	100.00	100.00

8.2.8 铅慢选捕收剂或（乙硫氮+丁铵黑药）用量对铅银浮选指标的影响

选取组合捕收剂（乙硫氮+丁铵黑药）作铅慢选的捕收剂，固定乙硫氮与丁铵黑药配比为 1∶1，考察（乙硫氮+丁铵黑药）的总用量对铅及伴生银浮选的影响，其试验流程如图 8-8 所示，试验结果见表 8-9。

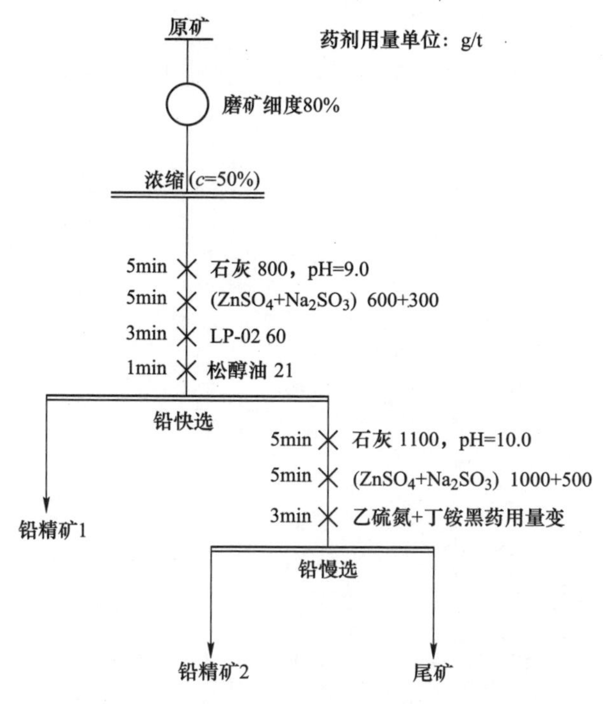

图 8-8 铅慢选（乙硫氮+丁铵黑药）用量条件试验流程

表 8-9 铅慢选（乙硫氮+丁铵黑药）用量对铅及伴生银浮选的影响试验结果

（%）

乙硫氮+丁铵黑药用量/g·t^{-1}	产品名称	产率	品位			回收率		
			Pb	Zn	Ag/g·t^{-1}	Pb	Zn	Ag
20+20	铅精矿 1	3.59	29.46	5.77	1160	80.06	6.51	51.37
	铅精矿 2	1.43	4.68	6.11	380	5.08	2.76	6.73
	尾矿	94.98	0.21	3.04	36	14.86	90.74	41.90
	原矿	100.00	1.32	3.18	81	100.00	100.00	100.00
30+30	铅精矿 1	3.58	29.12	5.76	1145	80.12	6.56	50.56
	铅精矿 2	1.86	4.64	6.01	360	6.63	3.55	8.25
	尾矿	94.57	0.18	2.98	35	13.25	89.88	41.18
	原矿	100.00	1.30	3.14	81	100.00	100.00	100.00
40+40	铅精矿 1	3.56	29.67	5.75	1180	80.54	6.53	51.17
	铅精矿 2	2.21	4.02	5.78	310	6.79	4.08	8.36
	尾矿	94.23	0.18	2.97	35	12.67	89.38	40.47
	原矿	100.00	1.31	3.13	82	100.00	100.00	100.00
50+50	铅精矿 1	3.55	29.31	5.74	1160	80.55	6.48	51.40
	铅精矿 2	2.51	3.52	5.34	270	6.86	4.28	8.48
	尾矿	93.94	0.17	2.98	34	12.59	89.24	40.11
	原矿	100.00	1.29	3.14	80	100.00	100.00	100.00

由表 8-9 可见，随（乙硫氮+丁铵黑药）总用量的增加，铅精矿 2 中铅银回收率逐渐升高。当（乙硫氮+丁铵黑药）总用量为 60g/t 时，铅银浮选指标最好，此后若继续增加捕收剂用量，铅银回收率升高不明显而品位降幅较大。因此选取（乙硫氮+丁铵黑药）总用量为 60g/t 较合适。

8.2.9 铅慢选捕收剂或（乙硫氮+丁铵黑药）配比对铅银浮选指标的影响

固定（乙硫氮+丁铵黑药）总用量为 60g/t，考察乙硫氮与丁铵黑药的配比对铅银浮选指标的影响，其试验流程如图 8-9 所示，试验结果见表 8-10。

由表 8-10 可见，随乙硫氮用量的增加，铅精矿中铅银回收率逐渐升高。当乙硫氮与丁铵黑药配比为 1∶1 时，铅慢选分选指标最好。因此，铅慢选选取乙硫氮与丁铵黑药的配比为 1∶1，即乙硫氮用量为 30g/t，丁铵黑药用量为 30g/t。

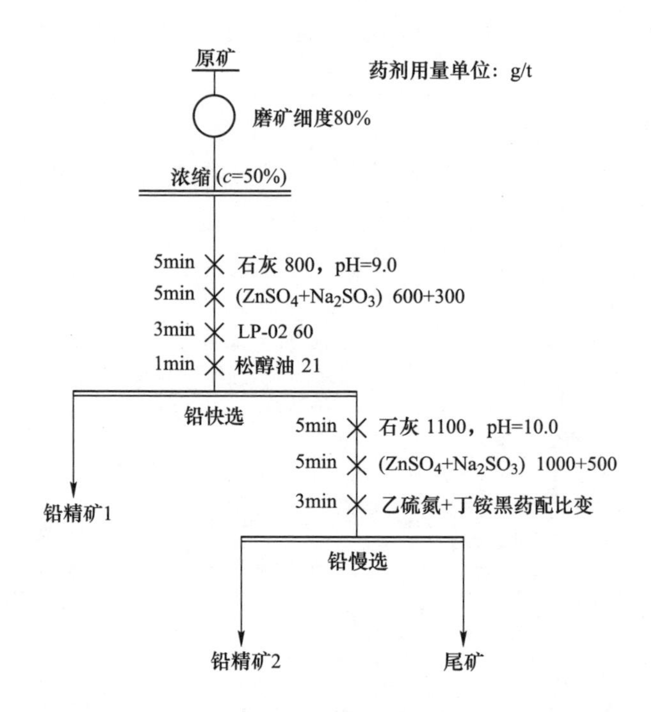

图 8-9 铅慢选（乙硫氮+丁铵黑药）配比条件试验流程

表 8-10 铅慢选（乙硫氮+丁铵黑药）配比对铅及伴生银浮选的影响试验结果

（%）

乙硫氮：丁铵黑药	产品名称	产率	品位			回收率		
			Pb	Zn	Ag/g · t^{-1}	Pb	Zn	Ag
2：1	铅精矿 1	3. 59	29. 57	5. 76	1165	80. 33	6. 50	50. 95
	铅精矿 2	2. 25	3. 88	6. 01	310	6. 63	4. 26	8. 52
	尾矿	94. 16	0. 18	3. 01	35	13. 04	89. 24	40. 53
	原矿	100. 00	1. 32	3. 18	82	100. 00	100. 00	100. 00
3：2	铅精矿 1	3. 56	29. 21	5. 77	1140	80. 08	6. 51	50. 79
	铅精矿 2	2. 15	3. 87	5. 98	305	6. 39	4. 06	8. 18
	尾矿	94. 29	0. 19	3. 00	35	13. 53	89. 43	41. 04
	原矿	100. 00	1. 30	3. 16	80	100. 00	100. 00	100. 00
1：1	铅精矿 1	3. 56	29. 54	5. 76	1125	80. 37	6. 52	51. 40
	铅精矿 2	1. 85	4. 63	6. 74	370	6. 54	3. 96	8. 78
	尾矿	94. 59	0. 18	2. 98	33	13. 09	89. 52	39. 82
	原矿	100. 00	1. 31	3. 15	78	100. 00	100. 00	100. 00

续表 8-10

乙硫氮：丁铵黑药	产品名称	产率	品位			回收率		
			Pb	Zn	Ag/g·t^{-1}	Pb	Zn	Ag
2：3	铅精矿 1	3.55	29.13	5.74	1120	80.05	6.46	50.90
	铅精矿 2	1.67	4.67	7.21	405	6.06	3.83	8.69
	尾矿	94.78	0.19	2.98	33	13.89	89.71	40.41
	原矿	100.00	1.29	3.15	78	100.00	100.00	100.00
1：2	铅精矿 1	3.53	29.67	5.73	1150	80.57	6.44	50.74
	铅精矿 2	1.62	4.72	7.29	430	5.87	3.75	8.69
	尾矿	94.85	0.19	2.97	34	13.56	89.80	40.56
	原矿	100.00	1.30	3.14	80	100.00	100.00	100.00

8.2.10 铅慢选抑制剂或（硫酸锌+亚硫酸钠）用量对铅银浮选指标的影响

本次试验考察了 $ZnSO_4$ 与 Na_2SO_3 用量对铅及伴生银浮选指标的影响，其试验流程如图 8-10 所示，试验结果见表 8-11。

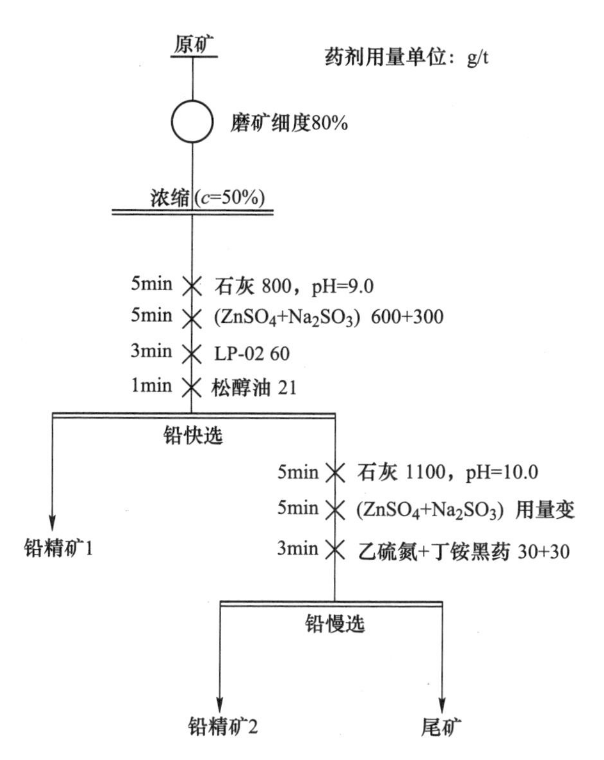

图 8-10 铅慢选（$ZnSO_4$+Na_2SO_3）用量条件试验流程

表 8-11 铅慢选（$ZnSO_4+Na_2SO_3$）用量对铅银浮选的影响试验结果 （%）

（$ZnSO_4+Na_2SO_3$）用量/$g \cdot t^{-1}$	产品名称	产率	品位			回收率		
			Pb	Zn	Ag/$g \cdot t^{-1}$	Pb	Zn	Ag
800+400	铅精矿 1	3. 59	29. 32	5. 74	1150	80. 28	6. 52	50. 93
	铅精矿 2	1. 86	4. 57	7. 27	280	6. 49	4. 28	6. 43
	尾矿	94. 55	0. 18	2. 98	37	13. 22	89. 20	42. 64
	原矿	100. 00	1. 31	3. 16	81	100. 00	100. 00	100. 00
1000+500	铅精矿 1	3. 56	29. 24	5. 76	1145	80. 65	6. 53	50. 92
	铅精矿 2	1. 84	4. 59	6. 87	400	6. 55	4. 03	9. 21
	尾矿	94. 60	0. 17	2. 97	34	12. 80	89. 45	39. 87
	原矿	100. 00	1. 29	3. 14	80	100. 00	100. 00	100. 00
1200+600	铅精矿 1	3. 55	29. 10	5. 76	1140	80. 64	6. 49	51. 18
	铅精矿 2	1. 85	4. 60	6. 12	370	6. 65	3. 60	8. 67
	尾矿	94. 60	0. 17	2. 99	34	12. 71	89. 92	40. 15
	原矿	100. 00	1. 28	3. 15	79	100. 00	100. 00	100. 00
1400+700	铅精矿 1	3. 53	29. 15	5. 75	1130	80. 37	6. 44	51. 13
	铅精矿 2	1. 83	4. 63	6. 07	375	6. 63	3. 53	8. 82
	尾矿	94. 64	0. 18	3. 00	33	13. 00	90. 02	40. 06
	原矿	100. 00	1. 28	3. 15	78	100. 00	100. 00	100. 00

由表 8-11 可见，随（$ZnSO_4+Na_2SO_3$）组合抑制剂用量的增加，铅粗精矿中锌含量逐渐降低，当（$ZnSO_4+Na_2SO_3$）总用量为 1800g/t 时，铅精矿 2 中铅及伴生银浮选指标最好，杂质锌的含量最低。因此，选取锌矿物抑制剂 $ZnSO_4$ 用量为 1200g/t、Na_2SO_3 用量为 600g/t。

8. 2. 11 铅慢选粗精矿精选次数对铅银浮选指标的影响

铅快选获得的铅粗精矿品位较高，约为 28%，而铅慢选获得的铅粗精矿 2 品位较低，仅为 4. 5%。若将两粗精矿合并，直接混合精选势必会恶化精选系统，从而影响铅快选的铅精矿质量和最终的铅银分选指标。因此，综合考虑后决定先将铅慢选获得的铅粗精矿 2 进行精选，得到品位较高的铅精矿后再与铅快选获得的铅粗精矿 1 合并精选。本次试验考察了精选次数对铅粗精矿 2 中铅银浮选指标的影响，其试验流程如图 8-11 所示，试验结果见表 8-12。

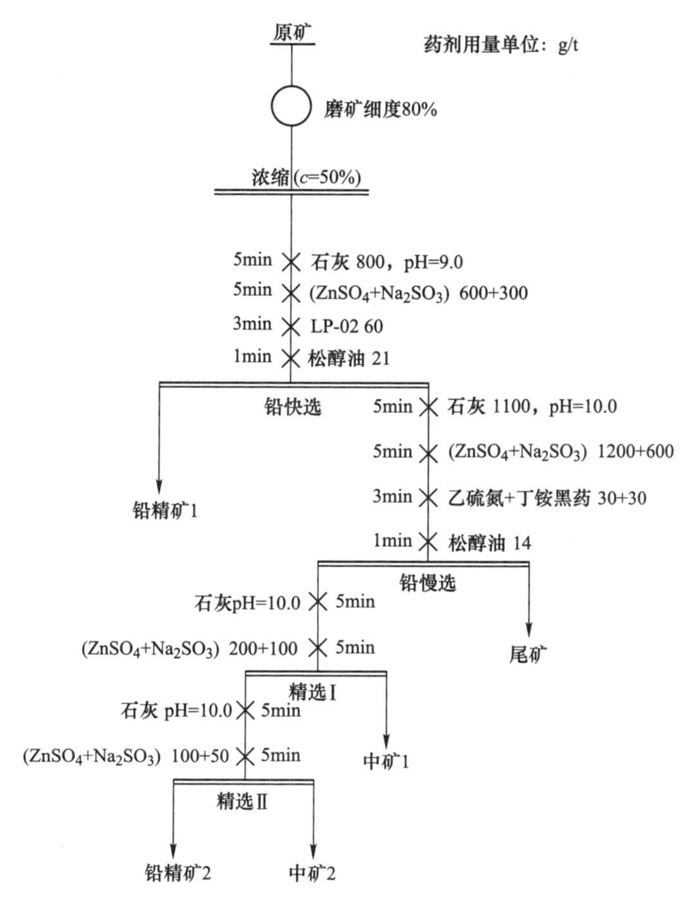

图 8-11 铅慢选铅粗精矿精选次数试验流程

表 8-12 铅慢选铅精选次数对铅及伴生银浮选的影响试验结果 (%)

精选条件	产品名称	产率	品位			回收率		
			Pb	Zn	$Ag/g \cdot t^{-1}$	Pb	Zn	Ag
精选一次	铅精矿 1	3.59	29.04	5.58	1145	80.13	6.35	51.34
	中矿 1	1.37	1.51	1.24	200	1.60	0.54	3.44
	铅精矿 2	0.51	12.55	6.64	815	4.94	1.08	5.22
	尾矿	94.53	0.18	3.07	34	13.33	92.03	40.01
	原矿	100.00	1.30	3.15	80	100.00	100.00	100.00
精选二次	铅精矿 1	3.56	29.64	5.59	1140	80.48	6.27	51.33
	中矿 1	1.36	1.48	1.24	205	1.54	0.53	3.53
	中矿 2	0.23	3.35	1.36	450	0.58	0.10	1.28
	铅精矿 2	0.31	18.68	6.64	1015	4.35	0.64	3.92
	尾矿	94.55	0.18	3.10	33	13.06	92.46	39.94
	原矿	100.00	1.31	3.17	79	100.00	100.00	100.00

由表 8-12 可见，铅粗精矿 2 精选一次后即可得含铅 12. 55%的铅精矿，而精选两次后虽可获得含铅 18. 68%的铅精矿，但精矿产率较小，仅为 0. 54%。若采用两次精选必然增加现场浮选机台数，加大了厂房面积。因此，综合考虑后决定选取铅粗精矿 2 精选次数为一次，并且将精选一次后获得的铅精矿与铅快选获得的铅粗精矿 1 合并，进行精选。这样可减少现场精选作业次数，简化流程，减少精选浮选机台数和厂房面积，较为合适。

8. 2. 12 铅精选次数对铅银浮选指标的影响

为得到合格的铅精矿，将铅慢选获得的铅粗精矿 2 精选一次后与铅快选获得的铅粗精矿 1 合并，进行了铅精选次数试验。本次试验采用石灰作黄铁矿抑制剂，组合抑制剂（$ZnSO_4$+Na_2SO_3）作锌矿物抑制剂，考察精选次数对铅及伴生银浮选指标的影响，其试验条件及流程如图 8-12 所示，试验结果见表 8-13。

表 8-13 铅精选次数对铅及伴生银浮选的影响试验结果 （%）

精选条件	产品名称	产率	品位			回收率		
			Pb	Zn	Ag/g · t^{-1}	Pb	Zn	Ag
混合精选两次	铅精矿	2. 49	41. 31	4. 91	1695	78. 62	3. 87	53. 49
	中矿 1	1. 36	1. 54	6. 22	240	1. 60	2. 68	4. 14
	中矿 2	0. 73	4. 24	6. 18	165	2. 38	1. 44	1. 53
	中矿 3	0. 63	6. 61	3. 25	285	3. 17	0. 65	2. 27
	尾矿	94. 78	0. 20	3. 05	32	14. 23	91. 36	38. 56
	原矿	100. 00	1. 31	3. 16	79	100. 00	100. 00	100. 00
混合精选三次	铅精矿	1. 96	49. 14	5. 11	2070	74. 01	3. 18	50. 66
	中矿 1	1. 37	1. 51	6. 24	250	1. 60	2. 72	4. 29
	中矿 2	0. 72	4. 22	6. 16	165	2. 35	1. 42	1. 49
	中矿 3	0. 62	6. 59	3. 22	285	3. 16	0. 64	2. 22
	中矿 4	0. 54	13. 12	4. 12	475	5. 44	0. 70	3. 20
	尾矿	94. 78	0. 18	3. 04	32	13. 44	91. 34	38. 13
	原矿	100. 00	1. 30	3. 15	80	100. 00	100. 00	100. 00

由表 8-13 可知，将铅慢选获得的铅粗精矿 2 精选一次后与铅快选获得的铅粗精矿 1 混合精选，当混合精选两次后，获得的铅精矿含铅仅有 41. 31%，而混合精选三次后，可获得含铅 49. 14%、含锌 5. 11%、含银 2070g/t、铅回收率为 74. 01%、锌分布率为 3. 18%、银回收率为 50. 66%的铅精矿。铅精矿品位和质量都较好，银矿物也在铅精矿中得到了较好的富集回收，因此确定铅粗精矿混合后精选三次。

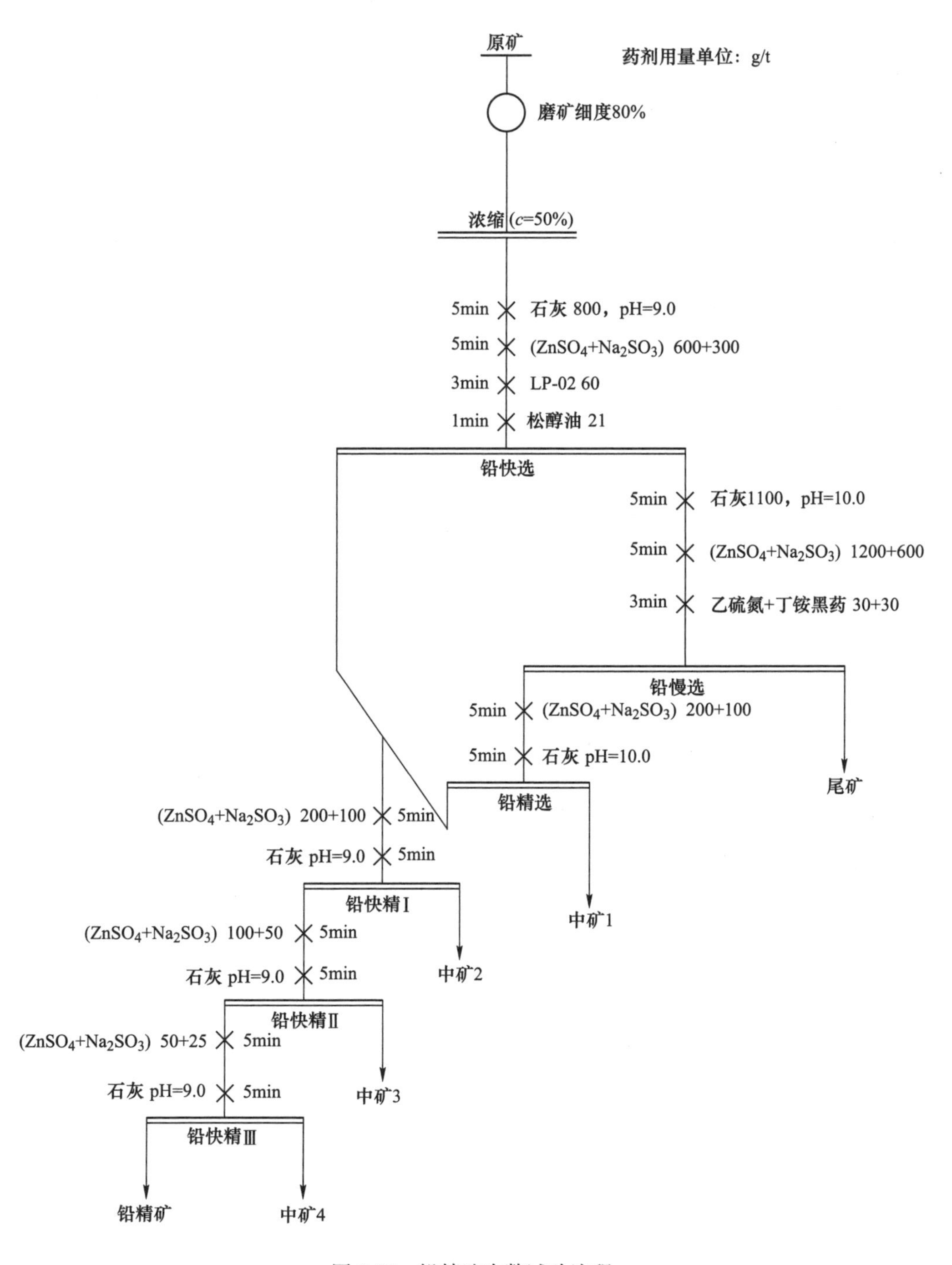

图 8-12 铅精选次数试验流程

8.2.13 锌快选丁基黄药用量对锌浮选指标的影响

本次试验考察了丁基黄药用量对锌浮选指标的影响，其试验流程如图 8-13 所示，试验结果见表 8-14。

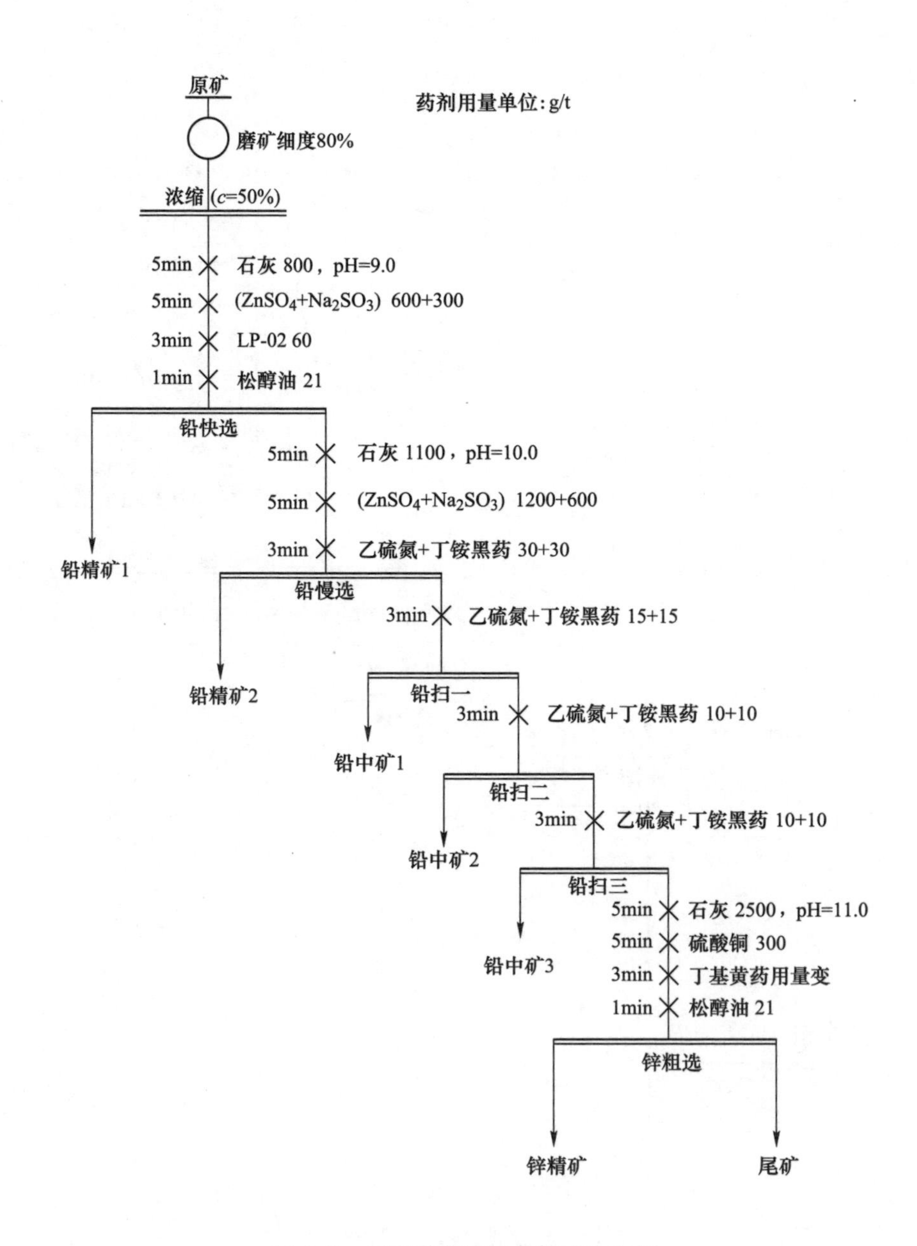

图 8-13 丁基黄药用量条件试验流程

表 8-14 丁基黄药用量对锌及伴生银浮选的影响试验结果 (%)

丁基黄药用量 /g·t^{-1}	产品名称	产率	品位			回收率		
			Pb	Zn	Ag/g·t^{-1}	Pb	Zn	Ag
40	铅精矿 1	3.56	29.64	5.76	1165	80.53	6.49	51.19
	铅精矿 2	1.82	4.61	6.11	375	6.41	3.52	8.43
	铅中矿 1	0.90	2.12	3.08	132	1.45	0.87	1.46
	铅中矿 2	0.66	1.97	3.22	105	0.99	0.67	0.85
	铅中矿 3	0.43	1.62	3.19	86	0.53	0.44	0.46
	锌精矿	7.08	0.39	29.12	88	2.11	65.23	7.69
	尾矿	85.56	0.12	0.84	28	7.99	22.79	29.92
	原矿	100.00	1.31	3.16	81	100.00	100.00	100.00
50	铅精矿 1	3.58	29.66	5.78	1160	80.37	6.52	51.23
	铅精矿 2	1.83	4.58	6.15	375	6.35	3.55	8.48
	铅中矿 1	0.90	2.11	3.11	135	1.43	0.88	1.50
	铅中矿 2	0.67	1.98	3.21	105	1.00	0.68	0.86
	铅中矿 3	0.43	1.66	3.19	86	0.54	0.44	0.46
	锌精矿	7.39	0.41	28.77	88	2.29	67.04	8.03
	尾矿	85.21	0.12	0.78	28	8.00	20.89	29.45
	原矿	100.00	1.32	3.17	81	100.00	100.00	100.00
60	铅精矿 1	3.53	29.64	5.72	1160	80.58	6.42	51.24
	铅精矿 2	1.82	4.58	6.09	365	6.42	3.52	8.31
	铅中矿 1	0.90	2.10	3.11	130	1.45	0.88	1.46
	铅中矿 2	0.66	1.98	3.21	105	1.01	0.67	0.87
	铅中矿 3	0.43	1.66	3.19	86	0.55	0.43	0.46
	锌精矿	7.82	0.41	28.01	88	2.47	69.57	8.61
	尾矿	84.84	0.12	0.69	27	7.54	18.50	29.06
	原矿	100.00	1.30	3.15	80	100.00	100.00	100.00
70	铅精矿 1	3.56	29.12	5.76	1140	80.45	6.52	51.43
	铅精矿 2	1.84	4.55	6.13	360	6.49	3.58	8.39
	铅中矿 1	0.89	2.11	3.11	125	1.45	0.87	1.40
	铅中矿 2	0.67	1.98	3.21	105	1.03	0.68	0.89
	铅中矿 3	0.43	1.66	3.19	86	0.55	0.44	0.47
	锌精矿	8.10	0.41	27.21	88	2.57	69.98	9.02
	尾矿	84.51	0.11	0.67	27	7.45	17.93	28.39
	原矿	100.00	1.29	3.15	79	100.00	100.00	100.00

由表 8-14 可见，随丁基黄药用量的增加，锌回收率均逐渐升高。当丁基黄药用量为 60g/t 时，锌浮选指标最好，此后若继续增大丁基黄药用量，锌上升不明显，而锌品位有所下降。因此，后续试验中锌快选选取丁基黄药用量为 60g/t。

8.2.14 锌快选硫酸铜用量对锌浮选指标的影响

由于锌矿物在铅浮选循环回路中受到了强烈的抑制，因此在锌矿物浮选前需先采用硫酸铜活化，本次试验考察硫酸铜用量对锌浮选指标的影响，其试验流程如图 8-14 所示，试验结果见表 8-15。

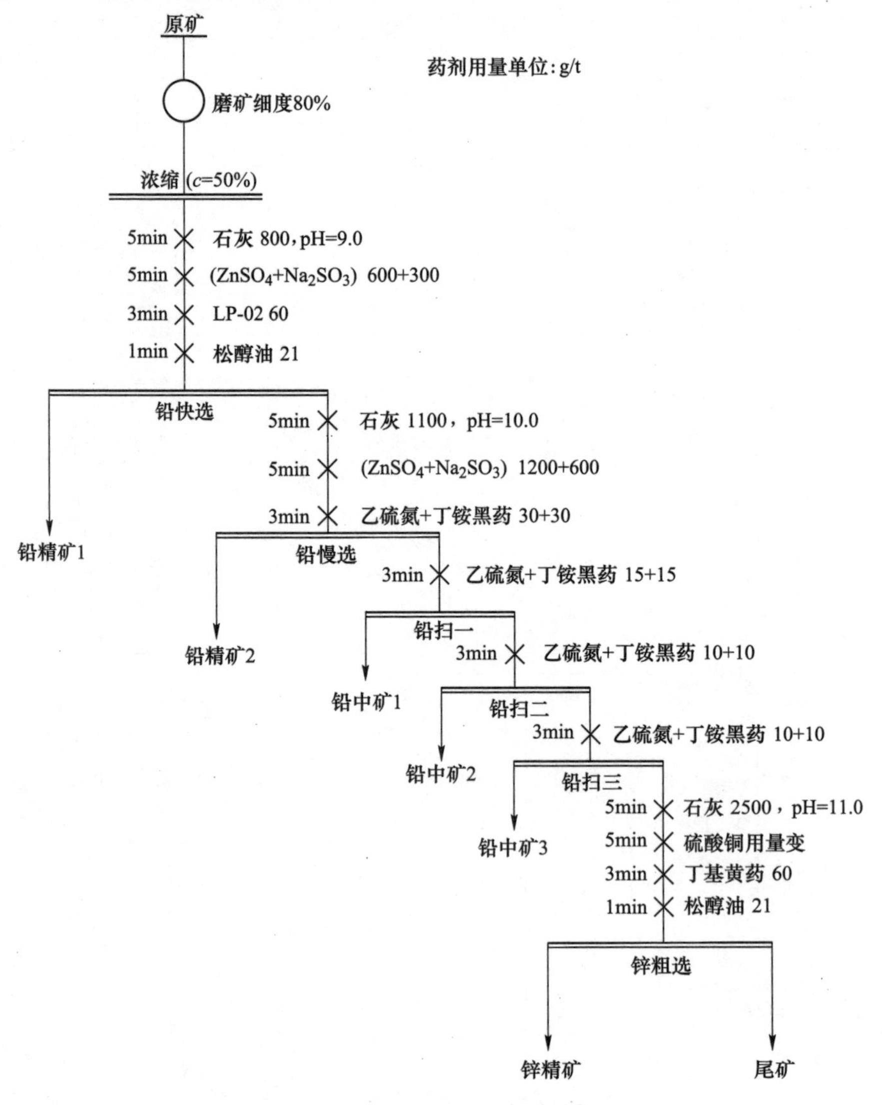

图 8-14　硫酸铜用量条件试验流程

表 8-15 硫酸铜用量对锌及伴生银浮选的影响试验结果 (%)

硫酸铜用量/g·t^{-1}	产品名称	产率	品位			回收率		
			Pb	Zn	Ag/g·t^{-1}	Pb	Zn	Ag
200	铅精矿 1	3.56	29.65	5.71	1170	80.67	6.44	51.48
	铅精矿 2	1.83	4.57	6.08	375	6.39	3.52	8.48
	铅中矿 1	0.90	2.11	3.11	130	1.44	0.88	1.44
	铅中矿 2	0.67	1.98	3.21	105	1.01	0.68	0.86
	铅中矿 3	0.43	1.66	3.19	85	0.55	0.44	0.45
	锌精矿	7.25	0.42	29.37	90	2.33	67.42	8.06
	尾矿	85.35	0.12	0.76	28	7.62	20.62	29.22
	原矿	100.00	1.31	3.16	81	100.00	100.00	100.00
300	铅精矿 1	3.53	29.67	5.78	1160	80.66	6.48	51.24
	铅精矿 2	1.81	4.58	6.15	370	6.38	3.54	8.38
	铅中矿 1	0.90	2.11	3.11	130	1.46	0.89	1.46
	铅中矿 2	0.67	1.98	3.21	105	1.02	0.68	0.88
	铅中矿 3	0.43	1.66	3.19	86	0.55	0.44	0.47
	锌精矿	7.82	0.41	28.01	88	2.46	69.49	8.60
	尾矿	84.84	0.11	0.69	27	7.47	18.48	28.99
	原矿	100.00	1.30	3.15	80	100.00	100.00	100.00
400	铅精矿 1	3.56	29.13	5.75	1170	80.48	6.53	51.48
	铅精矿 2	1.82	4.51	6.13	375	6.37	3.56	8.43
	铅中矿 1	0.89	2.02	3.24	130	1.39	0.92	1.42
	铅中矿 2	0.67	1.97	3.22	110	1.02	0.69	0.91
	铅中矿 3	0.42	1.68	3.13	83	0.55	0.42	0.43
	锌精矿	8.26	0.40	27.88	85	2.56	73.38	8.67
	尾矿	84.37	0.12	0.54	28	7.63	14.52	28.65
	原矿	100.00	1.29	3.14	81	100.00	100.00	100.00
500	铅精矿 1	3.55	29.14	5.76	1135	80.28	6.48	51.06
	铅精矿 2	1.82	4.63	6.13	365	6.51	3.52	8.39
	铅中矿 1	0.90	2.10	3.11	130	1.47	0.89	1.48
	铅中矿 2	0.66	2.01	3.21	105	1.03	0.67	0.88
	铅中矿 3	0.43	1.64	3.18	85	0.55	0.43	0.46
	锌精矿	8.45	0.37	27.65	75	2.42	73.89	8.02
	尾矿	84.19	0.12	0.53	28	7.73	14.11	29.71
	原矿	100.00	1.29	3.16	79	100.00	100.00	100.00

从表 8-15 可知，随 $CuSO_4$ 用量的增加，锌粗精矿中锌回收率逐渐升高，当 $CuSO_4$ 用量为 400g/t 时，锌的选矿指标最佳。因此，选取锌快选 $CuSO_4$ 用量为 400g/t。

8.2.15 锌慢选丁基黄药用量对锌浮选指标的影响

本次试验主要考察锌慢选丁基黄药用量对锌浮选的影响，其试验流程如图 8-15 所示，试验结果见表 8-16。

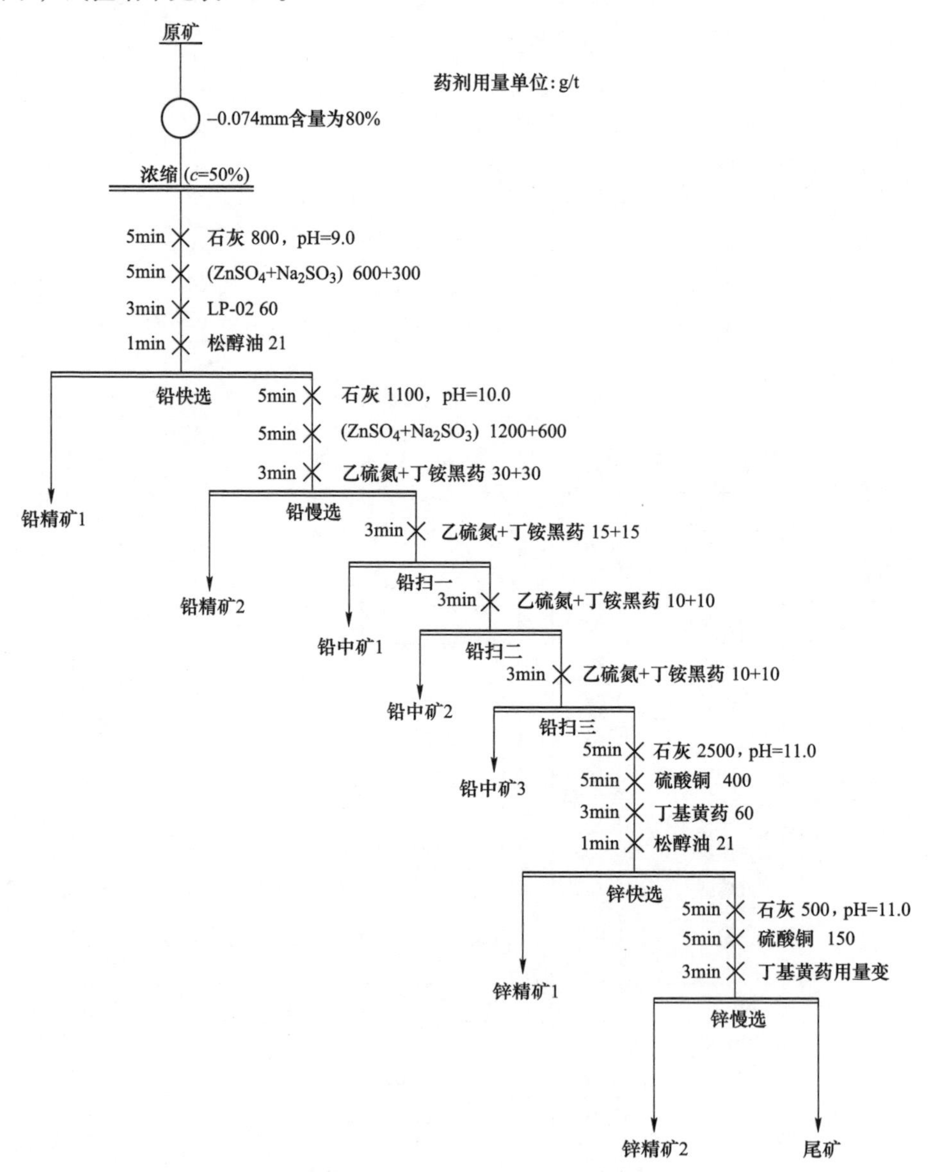

图 8-15 锌慢选丁基黄药用量试验流程

由表 8-16 可见，随丁基黄药用量的增加，锌回收率均逐渐升高。当丁基黄药用量为 25g/t 时，锌浮选指标最好。因此选取锌慢选丁基黄药用量为 25g/t。

表 8-16 锌慢选丁基黄药用量对锌银浮选的影响试验结果 (%)

丁基黄药用量 /g·t^{-1}	产品名称	产率	品位			回收率		
			Pb	Zn	Ag/g·t^{-1}	Pb	Zn	Ag
15	铅精矿 1	3.56	29.57	5.77	1155	80.29	6.54	51.35
	铅精矿 2	1.89	4.58	6.12	360	6.59	3.67	8.48
	铅中矿 1	0.91	2.11	3.03	125	1.47	0.88	1.43
	铅中矿 2	0.66	2.01	3.11	110	1.02	0.66	0.91
	铅中矿 3	0.43	1.64	3.18	80	0.54	0.44	0.43
	锌精矿 1	8.26	0.38	27.78	80	2.40	73.11	8.26
	锌精矿 2	1.03	0.37	11.21	70	0.29	3.69	0.90
	尾矿	83.25	0.12	0.42	27	7.40	11.01	28.23
	原矿	100.00	1.31	3.14	80	100.00	100.00	100.00
20	铅精矿 1	3.55	29.88	5.75	1175	80.38	6.44	51.51
	铅精矿 2	1.86	4.58	6.13	365	6.47	3.60	8.40
	铅中矿 1	0.91	2.11	3.03	125	1.46	0.87	1.41
	铅中矿 2	0.66	2.01	3.11	110	1.01	0.65	0.90
	铅中矿 3	0.43	1.64	3.18	80	0.54	0.43	0.43
	锌精矿 1	8.25	0.38	28.01	75	2.38	72.92	7.64
	锌精矿 2	1.32	0.31	10.21	60	0.31	4.25	0.98
	尾矿	83.00	0.12	0.41	28	7.46	10.82	28.73
	原矿	100.00	1.32	3.17	81	100.00	100.00	100.00
25	铅精矿 1	3.54	29.43	5.71	1160	80.16	6.42	51.34
	铅精矿 2	1.86	4.58	6.11	365	6.57	3.62	8.50
	铅中矿 1	0.91	2.11	3.03	125	1.48	0.88	1.43
	铅中矿 2	0.66	2.01	3.11	110	1.03	0.66	0.91
	铅中矿 3	0.43	1.64	3.18	80	0.54	0.44	0.43
	锌精矿 1	8.24	0.38	27.99	75	2.41	73.24	7.73
	锌精矿 2	1.64	0.31	9.92	55	0.39	5.15	1.12
	尾矿	82.71	0.12	0.37	28	7.42	9.61	28.53
	原矿	100.00	1.30	3.15	80	100.00	100.00	100.00
30	铅精矿 1	3.57	29.02	5.74	1145	80.36	6.51	51.12
	铅精矿 2	1.84	4.58	6.14	360	6.54	3.59	8.28
	铅中矿 1	0.91	2.11	3.03	125	1.49	0.88	1.43
	铅中矿 2	0.66	2.01	3.11	110	1.03	0.66	0.91
	铅中矿 3	0.43	1.64	3.18	80	0.55	0.44	0.43
	锌精矿 1	8.23	0.38	28.01	75	2.42	73.19	7.72
	锌精矿 2	1.71	0.31	9.75	55	0.41	5.30	1.18
	尾矿	82.64	0.11	0.36	28	7.20	9.44	28.93
	原矿	100.00	1.29	3.15	80	100.00	100.00	100.00

8.2.16 锌慢选硫酸铜用量对锌浮选指标的影响

本次试验主要考察锌慢选硫酸铜用量对锌及伴生银浮选的影响。试验条件和流程如图 8-16 所示，试验结果见表 8-17。

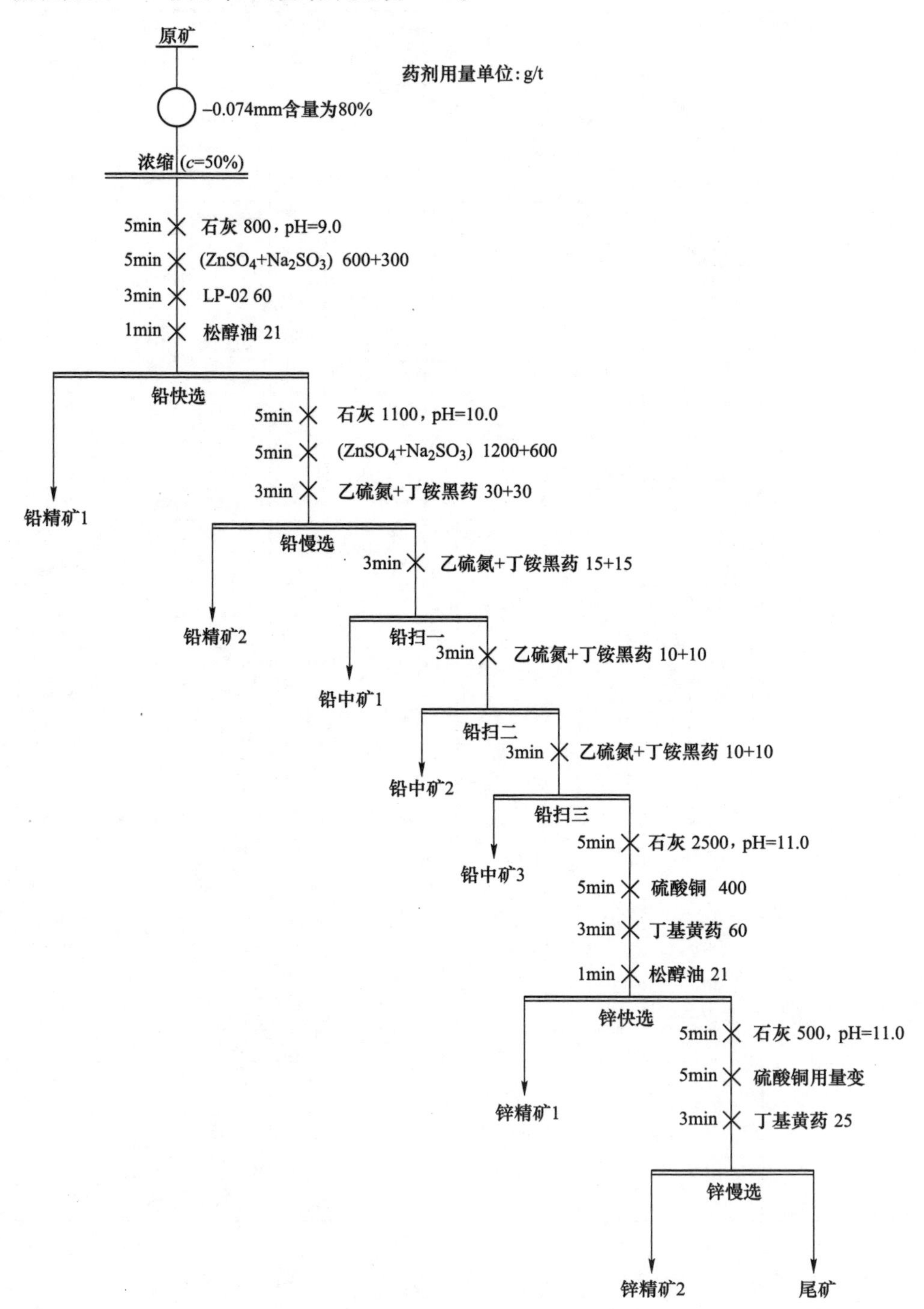

图 8-16 锌慢选硫酸铜用量试验流程

表 8-17 锌慢选硫酸铜用量对锌及伴生银浮选的影响试验结果 (%)

硫酸铜用量 /g·t^{-1}	产品名称	产率	品位			回收率		
			Pb	Zn	Ag/g·t^{-1}	Pb	Zn	Ag
100	铅精矿 1	3.54	29.57	5.74	1155	80.59	6.46	51.15
	铅精矿 2	1.83	4.63	6.11	360	6.52	3.55	8.24
	铅中矿 1	0.90	2.10	3.01	130	1.46	0.86	1.47
	铅中矿 2	0.66	2.01	3.11	105	1.03	0.66	0.87
	铅中矿 3	0.43	1.64	3.18	85	0.54	0.44	0.46
	锌精矿 1	8.27	0.37	27.74	75	2.35	72.86	7.76
	锌精矿 2	1.33	0.32	10.01	50	0.33	4.21	0.83
	尾矿	83.03	0.11	0.42	28	7.18	10.97	29.23
	原矿	100.00	1.30	3.15	80	100.00	100.00	100.00
150	铅精矿 1	3.56	29.34	5.73	1150	80.44	6.48	51.23
	铅精矿 2	1.84	4.63	6.08	370	6.56	3.56	8.52
	铅中矿 1	0.90	2.10	3.01	130	1.46	0.86	1.47
	铅中矿 2	0.66	2.01	3.11	105	1.03	0.66	0.87
	铅中矿 3	0.43	1.64	3.18	85	0.54	0.44	0.46
	锌精矿 1	8.25	0.37	27.77	75	2.35	72.69	7.73
	锌精矿 2	1.63	0.30	9.94	50	0.38	5.13	1.02
	尾矿	82.73	0.11	0.39	28	7.25	10.19	28.71
	原矿	100.00	1.30	3.15	80	100.00	100.00	100.00
200	铅精矿 1	3.53	29.66	5.75	1165	80.61	6.45	51.45
	铅精矿 2	1.85	4.63	6.10	360	6.60	3.59	8.34
	铅中矿 1	0.90	2.10	3.01	130	1.46	0.86	1.47
	铅中矿 2	0.66	2.01	3.11	105	1.03	0.66	0.87
	铅中矿 3	0.43	1.64	3.18	85	0.54	0.44	0.46
	锌精矿 1	8.26	0.39	27.85	75	2.48	73.06	7.75
	锌精矿 2	1.94	0.31	9.87	55	0.46	6.08	1.33
	尾矿	82.41	0.11	0.34	28	6.82	8.86	28.33
	原矿	100.00	1.30	3.15	80	100.00	100.00	100.00
250	铅精矿 1	3.56	29.31	6.73	1150	80.33	7.61	51.22
	铅精矿 2	1.82	4.63	6.09	275	6.49	3.52	6.26
	铅中矿 1	0.90	2.10	3.01	130	1.46	0.86	1.47
	铅中矿 2	0.66	2.01	3.11	105	1.03	0.66	0.87
	铅中矿 3	0.43	1.64	3.18	85	0.54	0.44	0.46
	锌精矿 1	8.23	0.37	27.81	75	2.34	72.69	7.72
	锌精矿 2	2.02	0.32	9.85	50	0.50	6.32	1.26
	尾矿	82.36	0.12	0.30	30	7.31	7.90	30.74
	原矿	100.00	1.30	3.15	80	100.00	100.00	100.00

从表 8-17 可知，随 $CuSO_4$ 用量的增加，锌精矿 2 中锌选矿回收率逐渐升高，当 $CuSO_4$ 用量为 200g/t 时，锌的选矿指标最佳。因此，后续试验中铅慢选选取 $CuSO_4$ 用量为 200g/t。

8.2.17　锌精选条件对锌浮选指标的影响

本次试验进行了锌精选条件试验，考察锌精选条件对锌浮选指标的影响，其试验条件和流程如图 8-17 所示，试验结果见表 8-18。

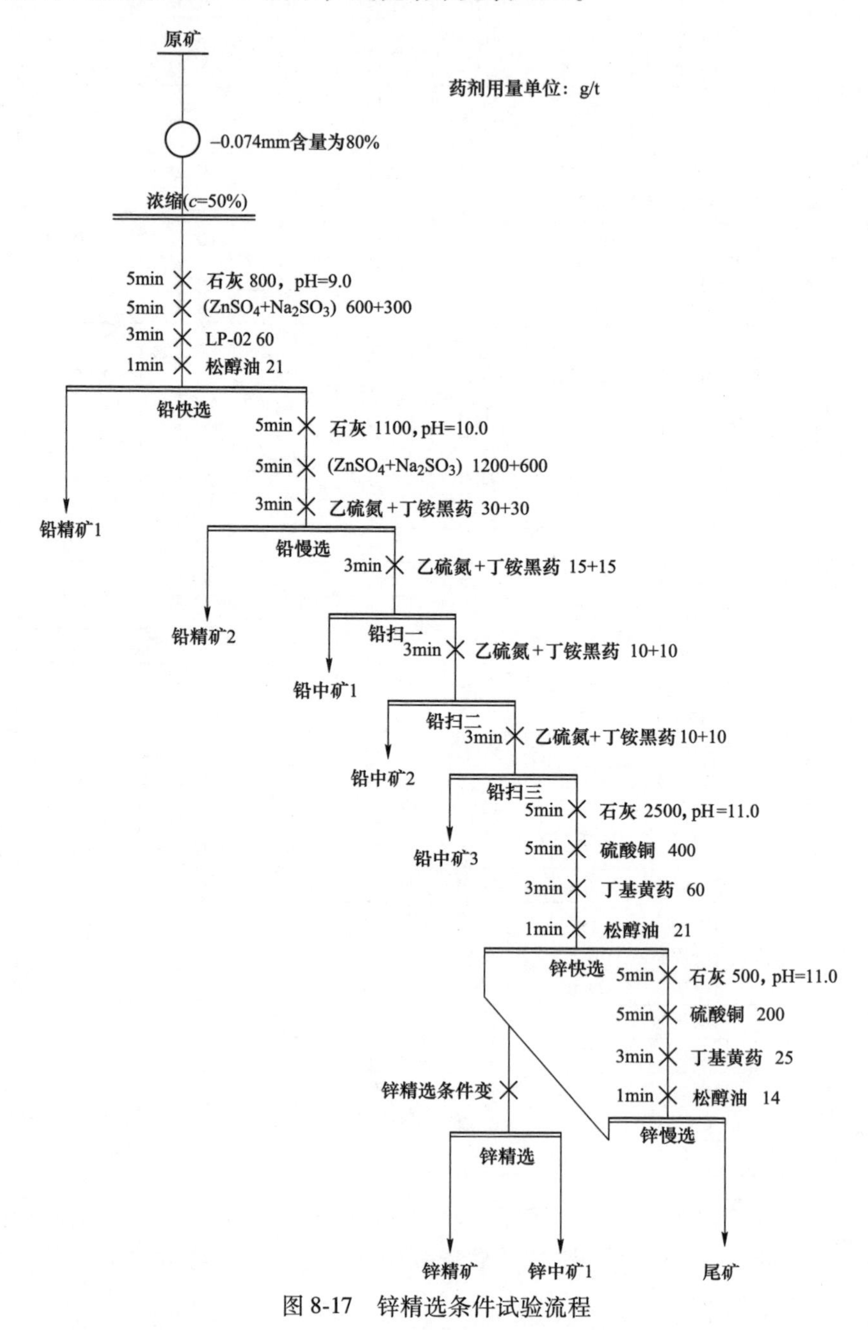

图 8-17　锌精选条件试验流程

表 8-18 锌精选条件对锌及伴生银浮选的影响试验结果 (%)

精选条件	产品名称	产率	品位			回收率		
			Pb	Zn	Ag/g·t^{-1}	Pb	Zn	Ag
空白精选	铅精矿 1	3.56	29.53	5.67	1170	80.34	6.44	51.48
	铅精矿 2	1.83	4.66	5.76	370	6.50	3.35	8.35
	铅中矿 1	0.89	1.98	3.27	130	1.34	0.92	1.43
	铅中矿 2	0.65	2.02	3.21	100	0.99	0.66	0.80
	铅中矿 3	0.46	1.64	3.16	90	0.58	0.47	0.51
	锌中矿 1	1.74	0.41	5.17	55	0.54	2.86	1.18
	锌精矿	8.51	0.38	28.32	85	2.47	76.72	8.93
	尾矿	82.37	0.11	0.33	27	7.23	8.58	27.33
	原矿	100.00	1.31	3.14	81	100.00	100.00	100.00
石灰调浆 pH=11.0	铅精矿 1	3.57	29.66	5.67	1130	80.31	6.43	51.12
	铅精矿 2	1.84	4.64	5.77	365	6.46	3.37	8.49
	铅中矿 1	0.90	1.97	3.24	130	1.34	0.92	1.48
	铅中矿 2	0.66	2.01	3.22	105	1.00	0.67	0.87
	铅中矿 3	0.43	1.63	3.18	85	0.53	0.44	0.47
	锌中矿 1	3.10	0.31	3.35	55	0.73	3.30	2.16
	锌精矿	7.13	0.38	33.62	85	2.05	76.11	7.67
	尾矿	82.37	0.12	0.34	27	7.58	8.76	27.74
	原矿	100.00	1.32	3.15	79	100.00	100.00	100.00
石灰调浆 pH=12.0	铅精矿 1	3.55	29.37	5.65	1155	80.29	6.37	51.31
	铅精矿 2	1.85	4.65	5.79	365	6.61	3.40	8.43
	铅中矿 1	0.90	1.99	3.23	130	1.37	0.92	1.46
	铅中矿 2	0.66	2.11	3.25	105	1.06	0.68	0.86
	铅中矿 3	0.43	1.64	3.19	85	0.55	0.44	0.46
	锌中矿 1	3.31	0.39	4.85	60	0.99	5.10	2.48
	锌精矿	6.91	0.39	33.77	85	2.07	74.10	7.34
	尾矿	82.39	0.11	0.34	27	7.05	8.99	27.65
	原矿	100.00	1.30	3.15	80	100.00	100.00	100.00

从表 8-18 可见，锌空白精选时锌精矿品位较低，当锌精选时添加少量石灰，可以强化黄铁矿的抑制，当矿浆 pH 值为 11.0 左右，锌浮选指标最佳，为此，后续试验决定在锌精选时加入少量石灰调节矿浆 pH 值为 11.0 左右进行锌精选。

8.2.18 锌精选次数对锌浮选指标的影响

为得到合格的锌精矿，进行了采用石灰作黄铁矿抑制剂的锌精选次数试验，其试验流程如图 8-18 所示，试验结果见表 8-19。

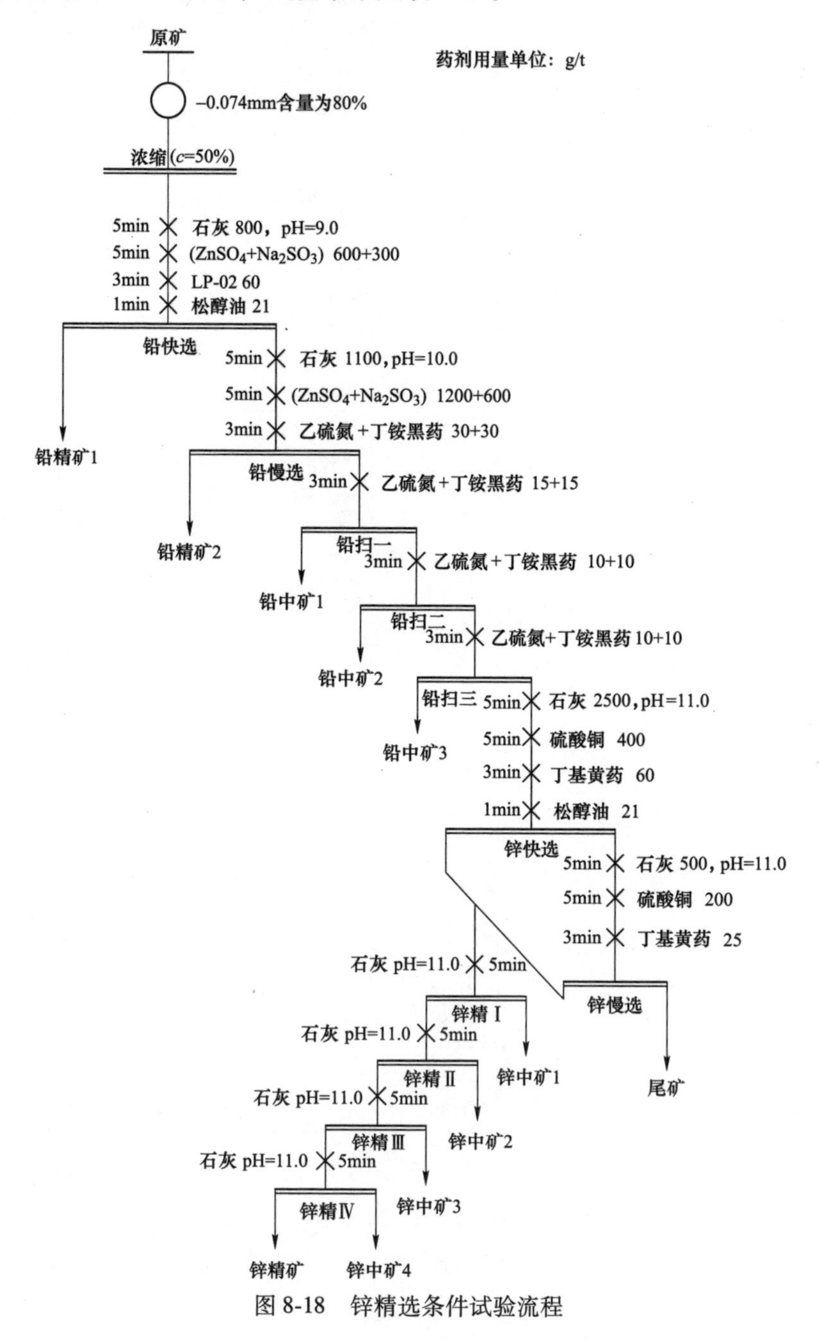

图 8-18 锌精选条件试验流程

表 8-19 锌精选次数对锌及伴生银浮选的影响试验结果 (%)

精选次数	产品名称	产率	品位			回收率		
			Pb	Zn	Ag/g·t^{-1}	Pb	Zn	Ag
锌精选 3 次	铅精矿 1	3.57	29.38	5.75	1165	80.16	6.52	51.40
	铅精矿 2	1.84	4.57	6.15	375	6.43	3.60	8.54
	铅中矿 1	0.94	2.06	5.55	135	1.48	1.65	1.56
	铅中矿 2	0.62	1.78	5.51	95	0.85	1.09	0.73
	铅中矿 3	0.44	1.48	5.22	90	0.49	0.72	0.48
	锌中矿 1	2.97	0.31	3.37	55	0.70	3.17	2.01
	锌中矿 2	1.96	0.29	4.79	65	0.43	2.98	1.57
	锌中矿 3	1.10	0.22	9.15	80	0.18	3.18	1.08
	锌精矿	4.95	0.37	44.31	90	1.40	69.57	5.50
	尾矿	81.62	0.13	0.29	27	7.88	7.51	27.12
	原矿	100.00	1.31	3.15	81	100.00	100.00	100.00
锌精选 4 次	铅精矿 1	3.55	29.31	5.77	1155	80.13	6.51	51.31
	铅精矿 2	1.85	4.58	6.13	370	6.53	3.61	8.57
	铅中矿 1	0.93	2.04	5.54	130	1.45	1.63	1.51
	铅中矿 2	0.64	1.78	5.51	100	0.88	1.12	0.80
	铅中矿 3	0.43	1.47	5.21	90	0.48	0.70	0.48
	锌中矿 1	2.98	0.31	3.32	55	0.71	3.14	2.05
	锌中矿 2	1.97	0.29	4.74	65	0.44	2.96	1.60
	锌中矿 3	1.09	0.22	9.11	80	0.18	3.14	1.09
	锌中矿 4	0.68	0.21	16.18	90	0.11	3.49	0.76
	锌精矿	4.23	0.37	50.08	97	1.20	67.28	5.13
	尾矿	81.66	0.13	0.25	26	7.88	6.42	26.70
	原矿	100.00	1.30	3.15	80	100.00	100.00	100.00

从表 8-19 可见，锌粗精矿经过 4 次精选可以得到质量很好的锌精矿，此时可获得含锌 50.08%、锌回收率为 66.96%，含铅 0.37%、铅分布率为 1.20%，含银 97g/t、银回收率为 5.11%的锌精矿，锌精矿品位和质量都较好，且银矿物在锌精矿中得到了一定的富集回收。因此，确定锌精选次数为 4 次。

8.2.19 南京栖霞山铅锌矿石小型闭路流程试验

为进一步验证条件试验的研究结果，并考察中矿返回对浮选指标的影响，在条件及开路流程试验的基础上，进行了新工艺的全流程闭路试验。南京栖霞山高浓度分速浮选新工艺闭路试验流程如图 8-19 所示，试验结果见表 8-20。

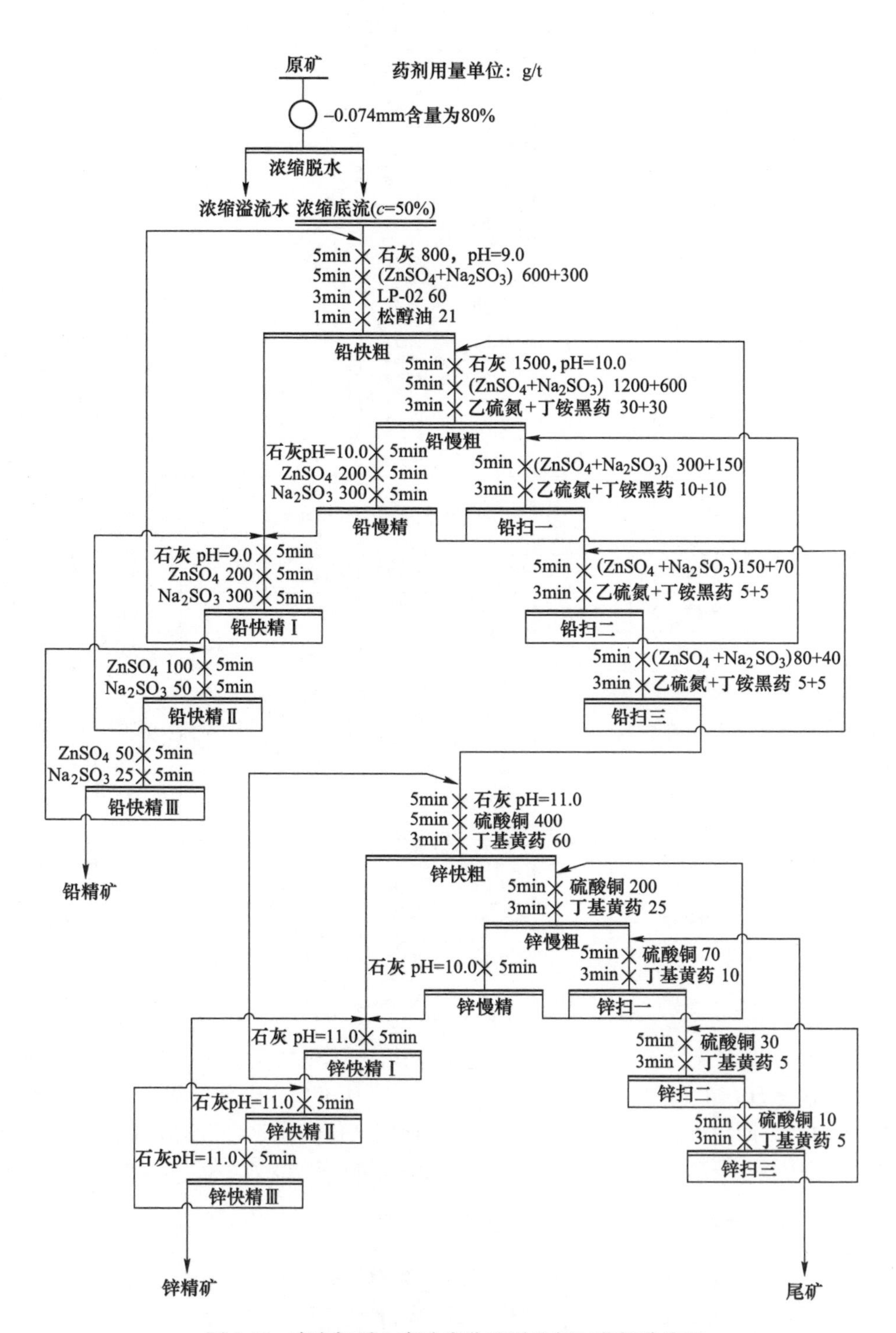

图 8-19 南京栖霞山高浓度分速浮选新工艺闭路流程

表 8-20 南京栖霞山高浓度分速浮选新工艺小型闭路试验结果 (%)

产品名称	产率	品位			回收率		
		Pb	Zn	$Ag/g \cdot t^{-1}$	Pb	Zn	Ag
铅精矿	2.40	46.17	5.78	2010	85.34	4.41	60.38
锌精矿	5.79	0.69	49.49	85	3.07	90.98	6.15
尾矿	91.81	0.16	0.16	29	11.59	4.61	33.47
原矿	100.00	1.30	3.15	80	100.00	100.00	100.00

由表 8-20 可知，采用高浓度分速浮选技术处理南京栖霞山铅锌硫化矿石，闭路试验在原矿含 Pb 1.30%、Zn 3.15%，含 Ag 80g/t 的情况下，可以获得含铅 46.17%、铅选矿回收率为 85.34%，含银 2010g/t、银选矿回收率为 60.38%，含锌 5.78%、锌分布率为 4.41% 的铅精矿；含锌 49.49%、锌选矿回收率为 90.98%，含铅 0.69%、铅分布率为 3.07%，含银 85g/t、银选矿回收率为 6.15% 的锌精矿。铅、锌精矿的品位和回收率都较高，且精矿质量都较好，同时银矿物在铅精矿中富集效果显著，品位为 2010g/t，银回收率为 60.38%。

8.3 青海锡铁山铅锌矿石的小型试验

8.3.1 铅粗选金银辅助捕收剂种类条件试验

图 8-20 给出了铅粗选的流程及药剂条件，在磨矿细度-0.074mm 含量为 60% 的情况下，考察了铅金银辅助捕收剂对选别指标的影响，试验结果见表 8-21。由表 8-21 可见，辅助捕收剂 LP-12 对金银矿物的捕收能力较强，使金银有效富集在铅粗精矿中，与 25 号黑药组合使用可获得铅粗精矿中含金 2.63g/t、含银 543g/t，金回收率为 50.72%、银回收率为 84.33%的良好指标。

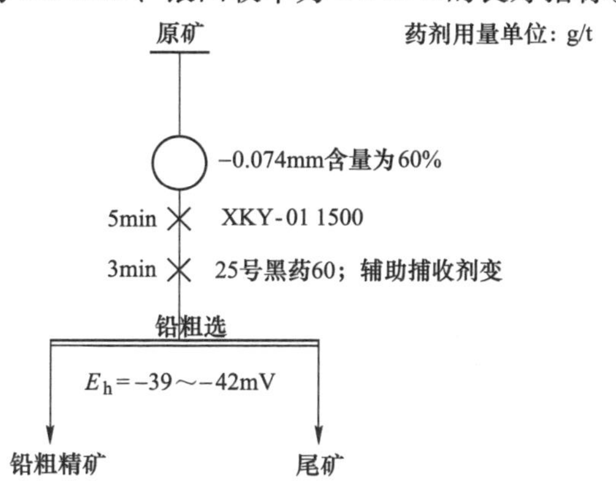

图 8-20 锡铁山铅锌矿铅粗选辅助捕收剂条件试验流程

表 8-21 铅粗选辅助捕收剂种类条件试验结果 (%)

辅助捕收剂 /g · t^{-1}	产品名称	产率	品位				回收率			
			Pb	Zn	Au/g · t^{-1}	Ag/g · t^{-1}	Pb	Zn	Au	Ag
0	铅粗精矿	6.96	41.24	4.11	1.64	540	92.89	6.13	31.71	81.35
	尾矿	93.04	0.24	4.71	21.66	0.26	9.26	7.11	93.87	93.53
	原矿	100.00	3.09	4.67	21.55	0.36	46.2	100.00	100.00	100.00
LP-12 20	铅粗精矿	6.92	41.08	3.92	2.63	543	92.43	5.99	50.72	84.33
	尾矿	93.08	0.25	4.57	21.57	0.19	7.50	7.57	94.01	93.06
	原矿	100.00	3.07	4.52	21.57	0.36	44.56	100.00	100.00	100.00
丁铵黑药 20	铅粗精矿	7.30	35.14	4.40	2.09	489	86.82	6.01	44.87	78.87
	尾矿	92.70	0.42	4.61	20.96	0.20	2.09	13.18	93.99	93.01
	原矿	100.00	2.95	4.59	20.94	0.34	45.26	100.00	100.00	100.00
WMP-02 20	铅粗精矿	8.20	34.59	3.60	1.64	447	91.69	6.23	38.42	61.58
	尾矿	91.80	0.28	4.84	21.53	0.23	8.63	8.31	94.10	91.25
	原矿	100.00	3.09	4.74	21.52	0.35	44.58	100.00	100.00	100.00
WMP-04 20	铅粗精矿	9.60	28.97	3.74	1.95	365	90.30	7.69	50.87	80.55
	尾矿	90.40	0.33	4.77	20.95	0.20	9.36	9.70	92.31	88.04
	原矿	100.00	3.08	4.67	21.51	0.37	43.50	100.00	100.00	100.00
WMP-05 20	铅粗精矿	9.46	31.06	3.76	1.49	406	93.28	7.48	44.05	80.64
	尾矿	90.54	0.23	4.86	20.95	0.20	10.19	6.72	92.52	87.87
	原矿	100.00	3.15	4.75	21.59	0.32	47.63	100.00	100.00	100.00

8.3.2 铅粗选捕收剂用量条件试验

以组合捕收剂（25 号黑药+ LP-12）作铅粗选捕收剂，考察（25 号黑药+ LP-12）的用量对铅粗选指标的影响。试验采用二因素三水平正交析因法，试验流程如图 8-21 所示，各因数、各水平取值见表 8-22，试验安排见表 8-23，试验结果见表 8-24。

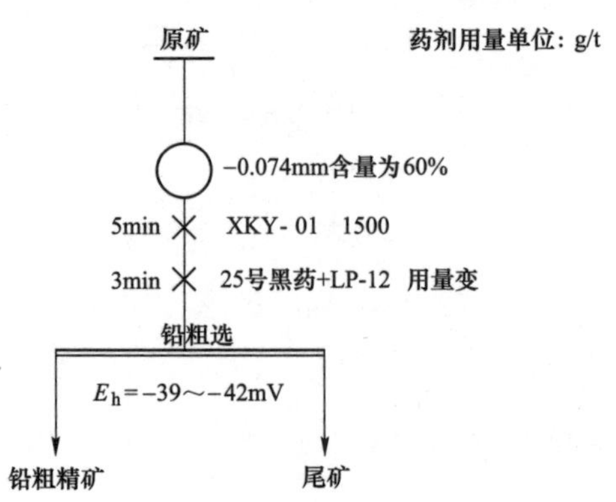

图 8-21 铅粗选捕收剂用量条件试验流程

表 8-22 各因素、各水平取值

因 素	水 平		
	低水平（1）	中水平（2）	高水平（3）
A：25 号黑药用量/g·t^{-1}	60	70	80
B：LP-02 用量/g·t^{-1}	10	20	30

表 8-23 （25 号黑药+LP-02）二因素三水平析因试验安排

试验序号	因素水平安排	用量安排
①	A_1B_1	25 号黑药 60g/t+LP-02 10g/t
②	A_1B_2	25 号黑药 60g/t+LP-02 20g/t
③	A_1B_3	25 号黑药 60g/t+LP-02 30g/t
④	A_2B_1	25 号黑药 70g/t+LP-02 10g/t
⑤	A_2B_2	25 号黑药 70g/t+LP-02 20g/t
⑥	A_2B_3	25 号黑药 70g/t+LP-02 30g/t
⑦	A_3B_1	25 号黑药 80g/t+LP-02 10g/t
⑧	A_3B_2	25 号黑药 80g/t+LP-02 20g/t
⑨	A_3B_3	25 号黑药 80g/t+LP-02 30g/t

表 8-24 铅粗选捕收剂用量条件试验结果 （%）

序号	产品名称	产 率	品 位			回 收 率		
			Pb	Zn	S	Pb	Zn	S
①	铅粗精矿	6. 60	40. 39	2. 57	27. 94	87. 04	3. 82	8. 55
	尾矿	92. 40	0. 45	4. 57	21. 13	12. 96	96. 18	91. 45
	原矿	100. 00	3. 09	4. 44	21. 58	100. 00	100. 00	100. 00
②	铅粗精矿	6. 82	41. 52	3. 92	31. 63	91. 34	5. 78	9. 76
	尾矿	93. 18	0. 29	4. 68	21. 40	8. 66	94. 22	90. 24
	原矿	100. 00	3. 10	4. 63	22. 10	100. 00	100. 00	100. 00
③	铅粗精矿	6. 88	40. 26	2. 42	28. 59	90. 56	3. 55	9. 16
	尾矿	93. 12	0. 31	4. 86	20. 95	9. 44	96. 45	90. 84
	原矿	100. 00	3. 06	4. 69	21. 48	100. 00	100. 00	100. 00
④	铅粗精矿	6. 75	40. 96	2. 76	28. 14	89. 19	3. 76	8. 36
	尾矿	93. 25	0. 41	5. 11	22. 33	10. 81	96. 24	91. 64
	原矿	100. 00	3. 10	4. 95	22. 72	100. 00	100. 00	100. 00
⑤	铅粗精矿	6. 92	40. 16	2. 61	29. 46	91. 42	3. 93	8. 88
	尾矿	93. 08	0. 31	4. 74	22. 48	8. 58	96. 07	91. 12
	原矿	100. 00	3. 04	4. 59	22. 96	100. 00	100. 00	100. 00

续表 8-24

序号	产品名称	产 率	品 位			回收率		
			Pb	Zn	S	Pb	Zn	S
⑥	铅粗精矿	7.20	40.59	2.98	25.46	92.92	3.93	8.42
	尾矿	92.80	0.24	4.77	21.17	7.08	96.07	91.58
	原矿	100.00	3.14	4.64	21.47	100.00	100.00	100.00
⑦	铅粗精矿	7.88	36.36	3.78	26.80	93.11	6.50	10.13
	尾矿	92.12	0.23	4.65	20.33	6.84	93.50	89.87
	原矿	100.00	3.08	4.58	20.84	100.00	100.00	100.00
⑧	铅粗精矿	9.24	32.18	3.66	28.83	94.27	7.29	12.52
	尾矿	90.76	0.20	4.74	20.26	5.73	92.71	87.48
	原矿	100.00	3.12	4.64	21.04	100.00	100.00	100.00
⑨	铅粗精矿	10.12	27.96	3.14	31.68	92.47	6.77	14.66
	尾矿	89.88	0.26	4.87	20.77	7.53	93.23	85.34
	原矿	100.00	3.06	4.69	21.87	100.00	100.00	100.00

由表 8-24 可知，随着组合捕收剂（25 号黑药+LP-12）用量的增加，铅粗精矿中铅品位逐渐增加，当药剂用量为 70g/t+30g/t 时，选矿指标达到最佳，继续增加药剂用量，虽然铅回收率有所增加，但铅品位下降明显。因此，在后续试验选取组合捕收剂（25 号黑药+ LP-12）的用量为 70g/t+30g/t。

8.3.3 磨矿细度对选别指标的影响

为验证原有矿石磨矿细度是否适应新药剂的选矿要求，在捕收剂 25 号黑药+LP-12 用量为 70g/t+30g/t 的情况下，试验主要探索磨矿细度对选矿指标的影响，试验流程如图 8-22 所示，试验结果见表 8-25。

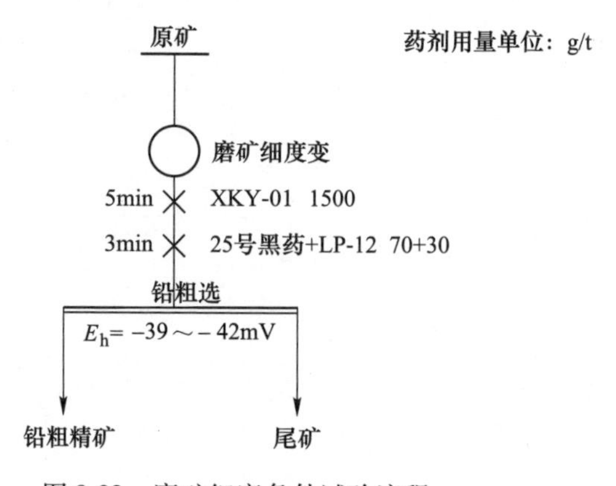

图 8-22 磨矿细度条件试验流程

表 8-25 磨矿细度对选别指标的影响试验结果 (%)

-0.074mm含量/%	产品名称	产率	品位			回收率		
			Pb	Zn	S	Pb	Zn	S
55	铅粗精矿	7.28	39.24	2.33	32.08	91.56	3.78	10.42
	尾矿	92.82	0.28	4.65	21.65	8.44	96.22	89.58
	原矿	100.00	3.08	4.48	22.41	100.00	100.00	100.00
60	铅粗精矿	6.98	41.23	2.98	26.38	93.44	4.41	8.41
	尾矿	93.02	0.22	4.85	21.56	6.56	95.59	91.59
	原矿	100.00	3.08	4.72	21.90	100.00	100.00	100.00
65	铅粗精矿	6.54	42.05	3.89	25.14	89.87	5.61	7.70
	尾矿	93.46	0.33	4.58	21.10	10.13	94.39	92.30
	原矿	100.00	3.06	4.53	21.36	100.00	100.00	100.00
70	铅粗精矿	6.47	42.36	3.75	27.29	88.13	5.42	8.36
	尾矿	93.53	0.36	4.53	20.95	11.87	94.58	91.64
	原矿	100.00	3.11	4.48	20.81	100.00	100.00	100.00

由表 8-25 可知，随磨矿细度（-0.074mm 含量）由 55%增大至 70%，铅粗精矿中铅回收率先升高后下降，并且铅精矿中杂质锌含量逐渐升高。当磨矿细度（-0.074mm 含量）为 60%时，铅粗精矿的选别指标最佳。因此，磨矿细度选取 60%左右更合适。

8.3.4 锌硫浮选循环锌硫混合粗选 I 活化剂条件试验

图 8-23 为锌硫混合粗选流程及药剂条件，在矿浆 pH 值为 9~10，丁基黄药用量为 130g/t 的条件下，进行了锌硫混合浮选组合活化剂 XKH-01+$CuSO_4$ 用量条件试验，试验结果见表 8-26。

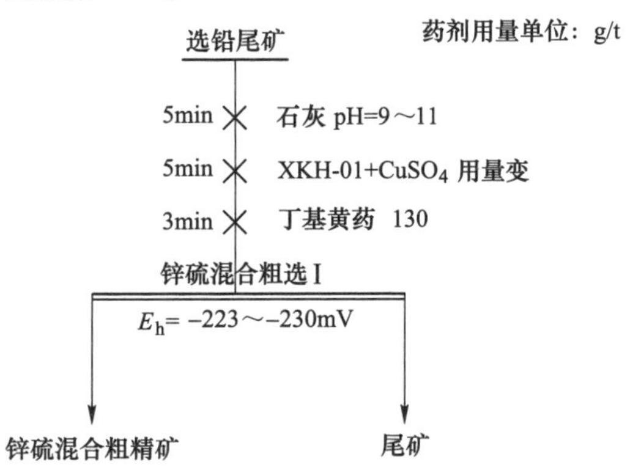

图 8-23 锌硫混合粗选 I 组合活化剂条件试验流程

表 8-26 锌硫混合粗选Ⅰ XKH-01+$CuSO_4$ 用量试验结果 (%)

XKH-01+$CuSO_4$ 用量/$g \cdot t^{-1}$	产品名称	作业产率	品位		作业回收率	
			Zn	S	Zn	S
200	锌硫混合精矿	41.25	11.19	48.21	89.98	82.82
	尾矿	58.75	0.87	7.02	10.02	17.18
	给矿	100.00	5.13	24.01	100.00	100.00
250	锌硫混合精矿	42.38	12.36	47.32	95.78	86.78
	尾矿	57.62	0.40	5.29	4.22	13.22
	给矿	100.00	5.47	23.11	100.00	100.00
270	锌硫混合精矿	38.77	11.98	46.99	93.64	84.78
	尾矿	61.23	0.52	5.34	6.34	15.22
	给矿	100.00	4.96	21.49	100.00	100.00
300	锌硫混合精矿	41.59	11.74	46.61	91.10	85.48
	尾矿	58.41	0.81	5.64	8.90	14.52
	给矿	100.00	5.36	22.68	100.00	100.00
335	锌硫混合精矿	40.55	13.45	47.24	96.71	83.36
	尾矿	59.45	0.32	6.44	3.29	16.64
	给矿	100.00	5.64	22.98	100.00	100.00
400	锌硫混合精矿	41.88	12.18	48.09	96.06	84.57
	尾矿	58.12	0.36	6.32	3.94	15.43
	给矿	100.00	5.31	23.81	100.00	100.00
420	锌硫混合精矿	39.68	12.30	48.65	95.89	81.78
	尾矿	60.32	0.36	7.13	4.11	18.22
	给矿	100.00	5.09	23.61	100.00	100.00
500	锌硫混合精矿	38.07	12.80	48.12	96.30	79.64
	尾矿	61.93	0.30	7.56	5.56	20.36
	给矿	100.00	5.06	23.00	100.00	100.00

由表 8-26 可知，当 XKH-01+$CuSO_4$ 用量为 335g/t 时，活化效果最佳，此时锌硫浮选指标达到最好。因此，选取 XKH-01+$CuSO_4$ 用量为 335g/t。

8.3.5 锌硫浮选循环锌硫混合粗选Ⅰ丁基黄药条件试验

在矿浆 pH 值为 9～10、$E_h = -223 \sim -230$mV，活化剂 XKH-01+$CuSO_4$ 用量为 335g/t 的条件下，考察捕收剂丁基黄药对锌硫混合浮选指标的影响，试验流程如图 8-24 所示，试验结果见表 8-27。

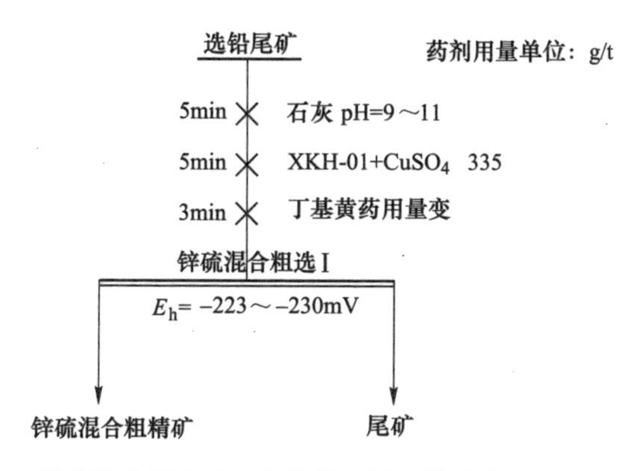

图 8-24 锌硫混合粗选 I 丁基黄药用量条件试验流程

表 8-27 锌硫混合粗选 I 丁基黄药用量试验结果 (%)

丁基黄药用量 /g·t⁻¹	产品名称	作业产率	品位		作业回收率	
			Zn	S	Zn	S
110	锌硫混合精矿	41.68	10.82	44.78	95.34	84.95
	尾矿	58.32	0.38	5.67	4.66	15.05
	给矿	100.00	4.73	21.97	100.00	100.00
130	锌硫混合精矿	42.82	10.94	45.41	95.41	85.15
	尾矿	57.18	0.39	5.93	4.59	14.85
	给矿	100.00	4.91	22.84	100.00	100.00
150	锌硫混合精矿	41.70	11.37	45.52	95.39	85.28
	尾矿	58.30	0.40	5.62	4.61	14.72
	给矿	100.00	4.97	22.26	100.00	100.00
170	锌硫混合精矿	39.85	11.53	44.84	94.35	84.09
	尾矿	60.15	0.45	6.35	5.65	15.91
	给矿	100.00	4.75	21.25	100.00	100.00

由表 8-27 可知，随着丁基黄药用量的增加，锌硫混合粗精矿中锌、硫作业回收率和品位均相差不大，当丁基黄药用量为 130g/t 时，锌作业回收率最高。综合考虑，选取丁基黄药的用量为 130g/t。

8.3.6 锌硫浮选循环锌硫混合粗选Ⅱ条件试验

对锌硫混合粗选 I 尾矿再次进行锌硫混合粗选，试验采用二因素三水平析因正交法确定了组合活化剂 XKH-01+$CuSO_4$ 和捕收剂丁基黄药的最佳用量分别为 40g/t 和 50g/t。

8.3.7 锌硫分离粗选矿浆 pH 值及矿浆电位对选矿指标的影响

锡铁山铅锌矿锌硫分离粗选流程与药剂条件如图 8-25 所示，将锌硫混合粗精矿Ⅰ和混合粗精矿Ⅱ合并作为锌硫分离粗选给矿，XKH-01+$CuSO_4$ 作活化剂，丁基黄药作锌硫分离粗选捕收剂的条件下，以石灰调控矿浆 pH 值及矿浆电位，考察矿浆 pH 值及矿浆电位对锌硫分离粗选选别效果的影响，实验结果见表 8-28。

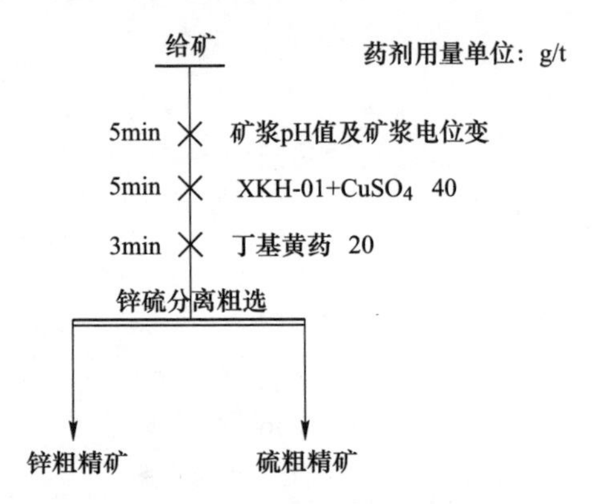

图 8-25 锡铁山铅锌矿锌硫分离粗选流程与药剂条件

表 8-28 锌硫分离粗选矿浆 pH 值及矿浆电位试验结果 (%)

石灰用量 /g · t^{-1}	矿浆 pH 值及矿浆电位	产品名称	作业产率	品位		作业回收率	
				Zn	S	Zn	S
1000	pH = 11.53 −264mV	锌粗精矿	55.14	16.72	42.60	90.83	54.59
		硫粗精矿	44.86	2.07	43.56	9.17	45.41
		给矿	100.00	10.15	43.03	100.00	100.00
2000	pH = 12.36 −316mV	锌粗精矿	24.52	45.37	33.26	95.99	18.03
		硫粗精矿	75.48	0.62	46.95	4.01	81.97
		给矿	100.00	11.59	43.71	100.00	100.00
3000	pH = 12.79 −339mV	锌粗精矿	23.69	43.72	33.00	93.56	17.51
		硫粗精矿	76.31	0.51	48.26	4.21	82.49
		给矿	100.00	11.07	44.64	100.00	100.00
4000	pH = 13.32 −363mV	锌粗精矿	25.36	44.51	32.91	97.06	18.69
		硫粗精矿	74.64	0.46	48.63	3.93	78.79
		给矿	100.00	11.63	44.64	100.00	100.00

由表 8-28 可知，当石灰用量为 2000g/t 时，矿浆 pH 值及矿浆电位分别为 12.36、−316mV 时，锌粗精矿中锌的综合指标相对较好，继续增加石灰用量以降低矿浆电位，致使锌品位有略微下降趋势，考虑到石灰用量大对选矿工艺操作

带来一定困难，因此，选取石灰用量为2000g/t、矿浆pH值及矿浆电位分别为12.36和-316mV较宜。

8.3.8 锌硫浮选循环锌硫分离粗选活化剂及捕收剂用量条件试验

由于锌硫浮选分离过程中，少部分锌硫连生体矿物或难浮硫化锌矿物容易受到抑制，为此在锌硫浮选作业添加少量硫化锌矿物浮选活化剂和捕收剂强化这部分难选锌矿物的上浮，提高锌浮选回收率，试验分别考察了组合活化剂XKH-01+$CuSO_4$和捕收剂丁基黄药用量对锌硫分离指标的影响，确定了XKH-01+$CuSO_4$最佳用量为40g/t，丁基黄药最佳用量为20g/t。

8.3.9 锡铁山铅锌矿实验室小型闭路流程试验

在实验室各条件试验、精选试验及开路流程试验的基础上，进行了锡铁山铅锌矿高效清洁选矿新工艺及高浓度浮选技术的小型闭路流程试验，其工艺闭路流程如图8-26所示，实验室新工艺闭路试验过程矿浆环境监测指标见表8-29，试验结果见表8-30。由表8-30可知，采用高效清洁选矿新工艺及高浓度浮选技术处理锡铁山铅锌矿，在含铅2.92%、含锌4.52%、含硫22.02%、含金0.37g/t、含银45.09g/t的情况下，可获得含铅72.73%、含锌1.95%、含硫15.92%、含金3.06g/t、含银994g/t，铅回收率93.40%、金回收率31.21%、银回收率82.68%的铅精矿；含锌49.17%，锌回收率93.23%的锌精矿；含锌0.34%、含硫49.98%，硫回收率75.36%的硫精矿，新工艺有效实现了铅锌硫及伴生金银矿物的综合回收。

表8-29 实验室新工艺闭路试验过程矿浆环境监测指标

浮选作业名称	矿浆浓度/%	矿浆pH值	矿浆电位/mV
铅粗选	48.15	7.64~7.70	-38~-42
铅精选Ⅰ	39.54	7.41~7.50	-24~-30
铅精选Ⅱ	36.37	7.35~7.40	-20~-23
铅扫选	46.35	7.60~7.63	-34~-37
锌硫混合浮选Ⅰ	45.20	10.83~10.93	-223~-231
锌硫混合浮选Ⅱ	41.60	10.52~10.58	-207~-211
锌硫混合扫选	39.37	10.46~10.51	-203~-207
锌硫分离粗选	40.13	12.32~12.42	-313~-319
锌精选Ⅰ	38.52	12.00~12.08	-296~-301
锌精选Ⅱ	36.29	11.98~12.01	-294~-297
锌硫分离扫选	36.09	12.00~12.03	-296~-298

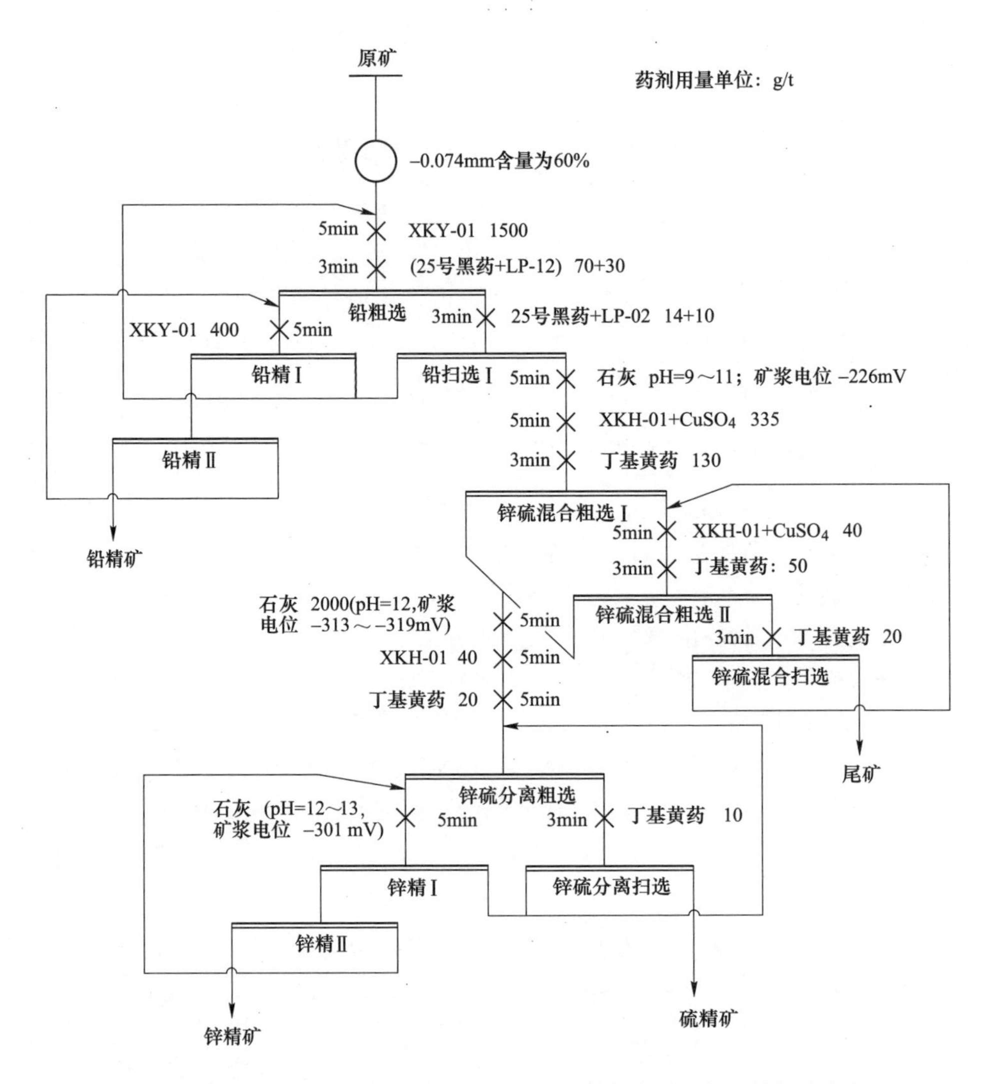

图 8-26 青海锡铁山铅锌矿高效清洁选矿及高浓度浮选新工艺闭路流程

表 8-30 锡铁山铅锌矿实验室小型闭路流程试验结果 （%）

产品名称	产率	品位					回收率				
		Pb	Zn	S	Au/g·t^{-1}	Ag/g·t^{-1}	Pb	Zn	S	Au	Ag
铅精矿	3.75	72.73	1.95	15.92	3.06	994	93.40	1.61	2.72	31.21	82.68
锌精矿	8.57	0.25	49.17	33.78	0.09	21.10	0.73	93.23	13.14	2.09	4.01
硫精矿	33.21	0.24	0.34	49.98	0.64	11.30	2.72	2.49	75.36	57.81	8.32
尾矿	54.47	0.17	0.23	3.55	0.06	4.13	3.15	2.67	8.78	8.89	4.99
原矿	100.00	2.92	4.52	22.02	0.367	45.09	100.00	100.00	100.00	100.00	100.00

9 铅锌硫化矿高浓度分速浮选工艺在矿业公司的应用

9.1 南京银茂铅锌矿业有限公司

南京银茂铅锌矿业有限公司是一家以铅锌为主体的采选企业，公司下属栖霞山铅锌矿是一座含铅、锌并伴生有铜、银、硫、金、锰等多金属的大型矿山，矿体类型为混源中低温热液型矿床，主要金属矿物有闪锌矿、方铅矿、黄铁矿、菱锰矿、黄铜矿、黝铜矿、辉银矿、碲银矿等，非金属矿物为石英、云母、方解石、白云石、重晶石等，选矿厂生产处理能力为1300t/d。

此前，选矿厂采用乙硫氮、丁铵黑药、乙基黄药等混合捕收剂作铅矿物捕收剂优先选铅，铅尾浓缩后以丁基黄药作捕收剂浮选锌矿物。由于矿石性质复杂、原矿品位波动大、金属矿物与伴生银矿物赋存形式多样，且目的矿物嵌布粒度不均匀，以细粒为主，单体解离差，这使得所采用的工艺流程与药剂条件不能很好地适应矿石特性与矿石性质的变化，矿石中铅、锌、硫、锰等主金属矿物虽得到了一定的回收，但银回收率偏低，铅锌银选矿回收率仍有较大的提升空间。特别是近年来随着矿石开采深度的不断加大，井下525m以下深部矿体原矿性质明显变化，铅锌银品位进一步下降，而硫品位逐步升高，目前原矿中铜品位为0.12%左右，铅品位为1.30%左右，锌品位为3.15%左右，硫品位为30.06%左右，银品位为80g/t左右，这使得生产过程中铅锌银选矿回收率随原矿品位的下降而不断降低，资源整体利用水平显著下降。

为此，针对该高硫低铅锌多金属矿开展“难选高硫低铅锌多金属矿高效分选新技术”研究，以期通过试验研究与分析，优化铅锌银浮选工艺流程与药剂制度，找出此难选高硫低铅锌多金属矿更为有效的选矿工艺与途径，解决生产过程中铅锌银选矿回收率低的难题。经过努力，项目团队先后完成了试验方案设计、探索性试验和实验室小型试验。最终确定，要提高此难选高硫低铅锌多金属矿的铅锌银选矿指标，就必须提高入选矿石细度，降低铅银矿物浮选时矿浆pH值，同时采用高效捕收剂优先浮选铅银矿物，并尽可能延长浮选时间，提高铅银浮选循环矿浆作业浓度，实现铅锌银快速分步高效浮选。按照此思路，项目组先后研发了“高硫低铅锌多金属矿分速分步优先浮选新工艺”“低碱介质中高浓度浮选新工艺”和铅银矿物的高效捕收剂LP-02，并成功完成高效捕收剂LP-02与新工艺的匹配，形成了铅锌硫化矿高浓度分速浮选新技术。应用该技术处理栖霞山铅锌矿可显著提高矿石中铅锌银矿物的选矿回收率，并有效降低选矿能耗和节省选矿成本。

9.1.1 工业试验结果

针对南京栖霞山铅锌矿石的高浓度分速浮选新工艺的工业试验于2012年7月开始，2013年1月结束，其工艺生产流程如图9-1所示，其设备联系图如图9-2所示，该新工艺工业试验期间各阶段生产指标见表9-1。

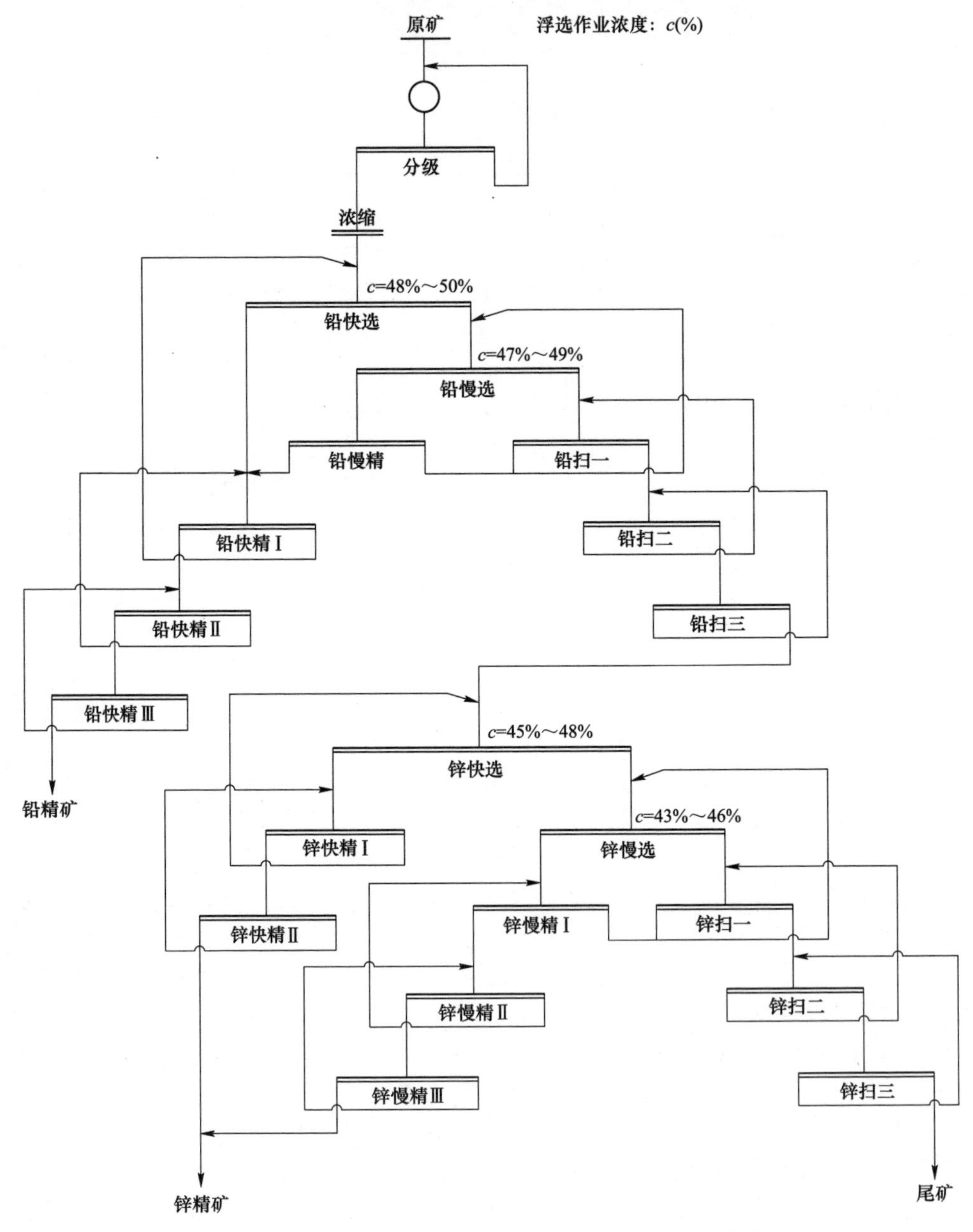

图9-1　南京栖霞山铅锌矿高浓度分速浮选新工艺生产流程

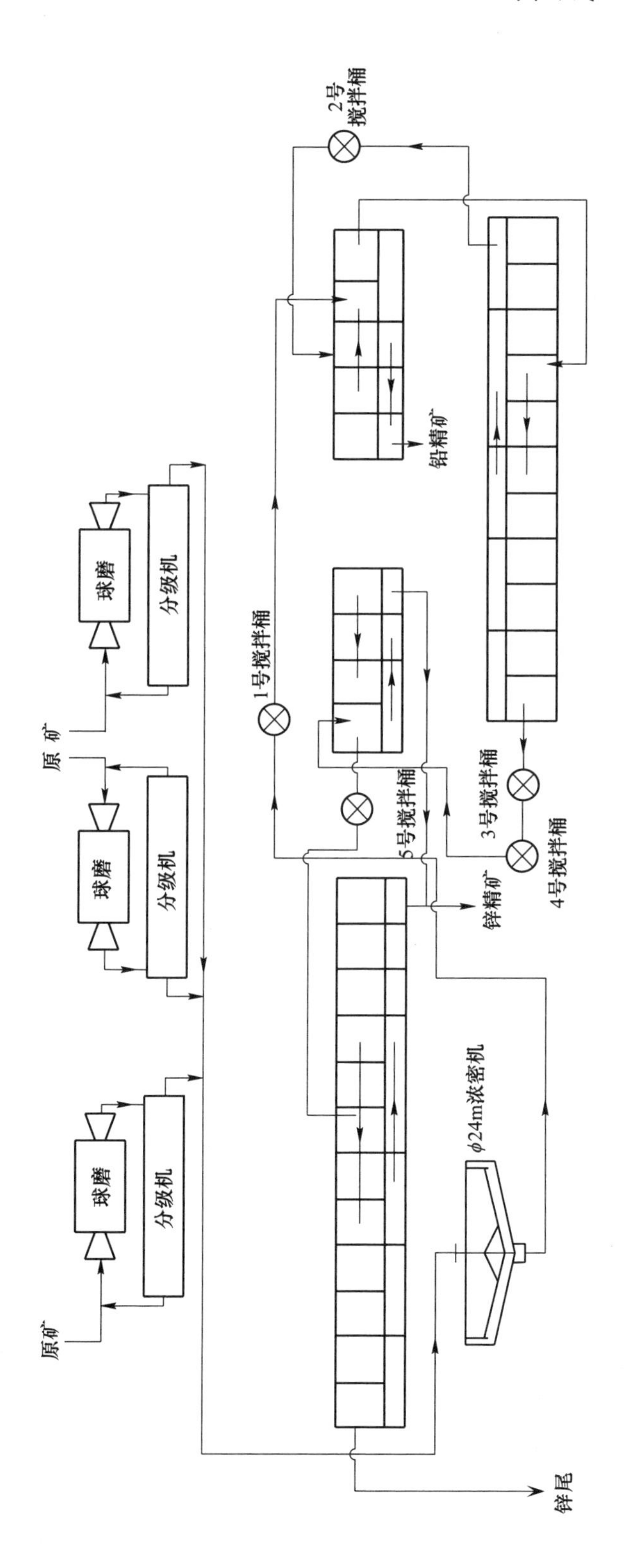

图9-2 南京栖霞山铅锌矿高浓度分速浮选新工艺磨浮设备联系图

表 9-1 新工艺工业试验期间各阶段生产指标对比 (%)

阶 段	原矿			精矿			回收率			尾矿品位	
	Pb	Zn	Ag/g · t^{-1}	Pb	Zn	Ag/g · t^{-1}	Pb	Zn	Ag	Pb	Zn
6 月 1 日~6 月 30 日 原工艺，原药剂	1. 57	2. 99	99	43. 48	49. 48	1542	83. 44	86. 45	50. 90	0. 25	0. 27
7 月 5 日~7 月 12 日 新工艺，原药剂	1. 43	2. 63	96	46. 37	47. 29	1922	83. 67	87. 38	51. 10	0. 22	0. 24
7 月 12 日~11 月 12 日 新工艺，新药剂 LP-02	1. 63	2. 95	87	46. 49	49. 83	1524	86. 23	88. 77	53. 20	0. 19	0. 22
11 月 12 日~12 月 30 日 新工艺，原药剂	1. 92	3. 12	104	45. 96	48. 29	1497	84. 59	86. 51	50. 85	0. 25	0. 27
1 月 1 日~1 月 15 日 新工艺，原药剂	1. 50	2. 70	84	45. 86	50. 10	1568	80. 07	84. 40	48. 75	0. 27	0. 31
1 月 16 日~1 月 20 日 新工艺，新药剂 LP-02	1. 50	2. 47	108	44. 32	48. 50	1953	85. 21	84. 77	51. 71	0. 19	0. 25

由表 9-1 可知，采用新工艺效果明显，第一阶段（7 月 5 日~7 月 12 日）虽然是新工艺使用原药剂制度，但较工业试验前 2012 年 6 月生产指标仍有明显升高，在原矿入选品位较低的情况下，铅锌银选矿指标仍显著提高，表明浓缩选铅新技术对铅锌银选矿指标的提高有明显作用；第二阶段（7 月 12 日~11 月 12 日）是浓缩选铅新技术配合高效捕收剂 LP-02 使用时期，此阶段较新工艺使用原药剂制度的第一阶段生产指标又有明显升高，其中铅锌银选矿指标均大幅度提高，表明新工艺配合新药剂 LP-02 使用效果更佳；第三阶段（11 月 12 日~12 月 30 日）是新工艺使用原药剂制度，在入选矿石品位大幅度升高的情况下，该阶段生产指标较新工艺使用新药剂 LP-02 时期，铅锌银选矿指标不仅没有明显提高，反而降幅较大；第四阶段（1 月 1 日~1 月 15 日）是新工艺继续使用原药剂制度，但入选矿石品位大幅度降低，此阶段生产指标更差，铅锌银选矿指标降幅更大，尾矿中铅锌银矿物损失严重；第五阶段（1 月 16 日~1 月 20 日）是新工艺配合新药剂 LP-02 继续使用时期，虽然此阶段入选矿石品位继续下降，但铅锌银选矿指标较第三、第四阶段显著提高，铅锌银选矿回收率升高明显，尾矿中铅锌银矿物损失也显著下降。

工业试验结果表明，“高硫低铅锌多金属矿分速分步优先浮选新工艺”和“低碱介质中高浓度浮选”新工艺较原铅锌浮选工艺表现出了极好的先进性，当新工艺配合高效捕收剂 LP-02 使用后效果更佳，能大幅度提高铅锌银选矿指标。

与原工艺相比，新工艺工业试验后，在铅、锌、硫原矿品位较 2011 年同期分别降低 0. 14、0. 27、2. 4 个百分点，银下降 30g/t，原矿品位大幅度降低的情况下，铅锌银选矿回收率不仅没有降低，而是显著提高，其中铅、锌选矿回收率较2011年分别提高1.80、1.82个百分点，银选矿回收率在原矿品位下降30g/t的情况下保持了稳定。同时与历年同等原矿品位相比，铅锌银选矿回收率较原工艺分别提高了3、3和4个百分点，保持了较好的水平。可见，新工艺实施后效果显著，铅锌银选矿指标均有大幅度提高。

9.1.2 工业应用年度生产指标

铅锌硫化矿高浓度分速浮选新工艺工业试验在南京银茂铅锌矿业有限公司成功后，公司即转入生产应用阶段，并在生产应用中不断完善优化该工艺。当前该公司铅、锌浮选循环矿浆初始入选质量浓度分别为50%、45%，铅、锌入选的矿浆体积分别缩小51%、54%，减小一半多，浮选时间延长、设备减少，不仅铅（银）、锌精矿品位和回收率大幅度提高，而且流程稳定、控制方便，水、电、药剂消耗低，回水全部利用，显著提高了资源利用率，实现了低碳、绿色选矿。新工艺在生产应用中，铅锌金银选矿指标显著提高，选矿水电药剂消耗大幅度降低，生产稳定，控制方便，环境明显改善。南京银茂铅锌矿业有限公司新工艺年度生产指标见表9-2。

表9-2 南京银茂铅锌矿业有限公司新工艺年度生产指标

年份	处理量/t	原矿品位/%			精矿品位/%			回收率/%		
		Pb	Zn	Ag/g·t^{-1}	Pb	Zn	Ag/g·t^{-1}	Pb	Zn	Ag
2013	327502	1.51	2.46	84	45.57	49.51	1513	85.35	86.48	51.31
2014	330862	1.43	2.35	82	44.79	49.13	1489	85.54	87.13	49.50
2015	323606	1.39	2.36	75	43.98	48.81	1361	87.21	85.64	49.98
2016	291512	1.54	2.44	89	42.93	48.37	1440	84.16	84.09	48.78
2017	294444	1.72	2.72	95	41.51	46.84	1398	84.33	83.39	51.10
2018	343988	2.38	3.97	86	44.08	47.63	982	88.69	86.60	54.71
2019	348895	2.75	4.62	87	49.89	48.09	973	89.40	88.27	55.04
2020	340856	3.02	4.91	89	54.84	48.67	1049	90.66	90.52	58.73
2021年1~5月	142081	2.72	4.49	83	59	49.47	1179	90.42	91.52	58.90

新技术工业应用以来，工业生产稳定，生产指标逐年提升。应用"铅锌硫化矿分速浮选新技术"，解决了矿石中铅锌矿物嵌布粒度不均和可浮性差异大对选别回收的影响；采用"铅锌硫化矿高浓度浮选新工艺"，缩短了铅锌银浮选流程，显著降低了浮选药剂单耗和设备台数，提高了铅锌银硫矿物分选效率；采用高选择性铅银矿物捕收剂LP-02，实现了pH值为9~9.5的低碱介质中铅银矿物快速优先浮选，显著改善了铅锌分离效果和伴生银在铅浮选回路中的富集，大幅降低了石灰、硫酸锌等抑制剂用量，提高了铅锌银硫选矿指标。新技术应用后，

选矿电耗从 46.5kW·h/t 降低到 36kW·h/t，节电 10.5kW·h/t，节能 22.58%；石灰用量降低了 1kg，硫酸锌用量降低了 1.25kg，浮选药剂成本从 37 元/t 降至 27.08 元/t，所用药剂清洁高效，有利于绿色矿山建设；新技术减少每天选矿用水和废水量 3000t。新技术支持下，南京银茂铅锌矿业有限公司所产铅银精矿和硫精矿被江苏省科学技术厅认定为“高新技术产品”，累计新增利税总额 41342.35 万元，新增利润累计 35959.98 万元，新增税收累计 5382.37 万元，节约选矿成本累计 2082.24 万元，经济效益显著。

多年来，在新技术支撑下，南京银茂铅锌矿业有限公司在资源综合利用、环境保护、清洁生产等方面都取得了较大成绩，铅、锌、金、银等有价元素实现了高效综合回收，获国土资源部“矿产资源节约与综合利用优秀矿山企业”、中国有色金属工业协会“中国有色金属矿产资源开发利用先进单位”等表彰，荣获江苏省“高新技术企业”和“国家级绿色矿山”称号。

9.2 青海省锡铁山铅锌矿

锡铁山铅锌矿位于青海省柴达木盆地北缘，隶属于西部矿业股份有限公司锡铁山分公司，矿区海拔在 3100~3500m。锡铁山铅锌矿是我国大型铅锌矿山之一，铅锌金属储量较大，品位较高，目前选矿厂日处理量已达 4500t 以上。原矿品位为 Pb 3%~4%、Zn 4%~5%、S 15%~20%、Ag 40~50g/t、Au 0.4~0.5g/t，矿山已探明保有金属储量铅 184 万吨、锌 194 万吨、银 2782t、金 32.164t；锡铁山铅锌矿资源优势独特，开发铅锌选矿高效清洁选矿生产技术的资源基础良好，意义重大。

锡铁山铅锌矿近年来随开采深度不断加深，选矿厂入选原矿中铅锌品位下降，硫含量急剧升高，选厂铅锌浮选工艺在生产中出现了一系列问题，主要表现在：（1）铅浮选循环铅精矿杂质锌含量高，主金属铅及伴生有价元素金、银的回收率低；（2）锌硫浮选循环中，由于锌主要是铁闪锌矿，可浮性较差，需要加入大量锌的活化剂硫酸铜，锌硫分离时石灰用量大，导致选矿成本偏高，同时大量硫酸铜及石灰的使用又使尾矿矿浆 pH 值及重金属铜离子含量高，使得废水回用率低，新鲜水消耗高，尾矿水回用后对选矿指标影响大，达标排放处理成本高；（3）现场矿浆初始浓度低导致选矿能耗高；现场矿浆初始浓度低（35%）而导致的目的矿物浮选有效时间短，有用矿物上浮力小，药剂用量大，能耗高。

为此，针对锡铁山铅锌矿石性质特点，项目组开展了高效清洁选矿新工艺研究，主要研制铅锌浮选分离时硫化锌矿物抑制剂 XKY-01 及硫化铅矿物的高效捕收剂 LP-12，锌硫浮选时硫化锌矿物的活化剂 XKH-01，并确定与之配比的其他浮选药剂参数。还重点进行了铅锌硫化矿高浓度浮选新工艺研究，并实现高浓度浮选环境与浮选粒度的良好匹配。

9.2.1 工业试验结果

针对锡铁山铅锌矿石的高效清洁选矿新工艺及高浓度浮选技术应用的工业试验工艺流程如图 9-3 所示，其设备联系图如图 9-4 所示，其高浓度浮选新工艺工业试验生产现场图如图 9-5 所示，工业试验新工艺与原工艺生产指标对比结果见表 9-3，新工艺与原工艺药剂用量对比结果见表 9-4。

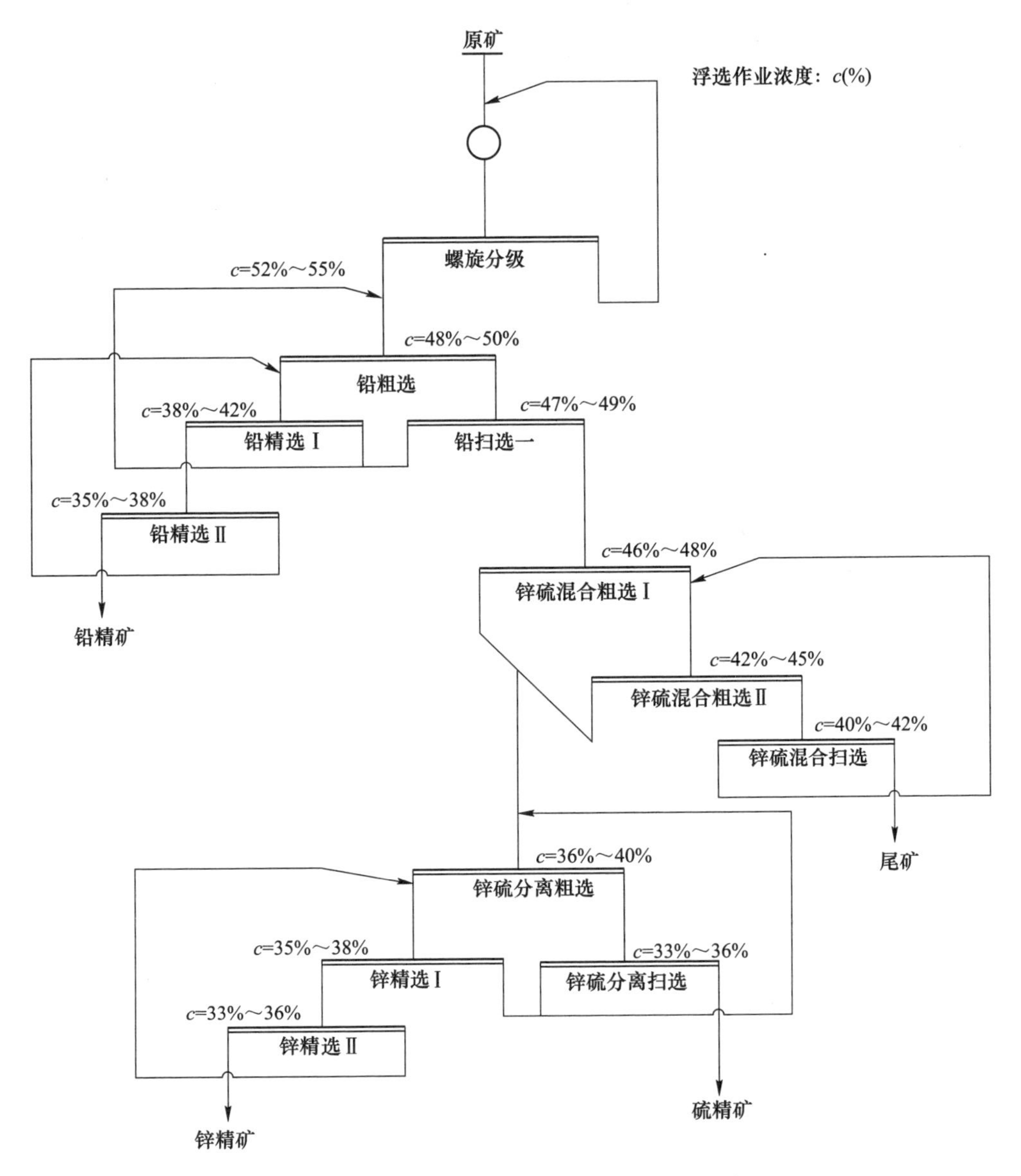

图 9-3 青海锡铁山铅锌矿高浓度浮选新工艺生产流程

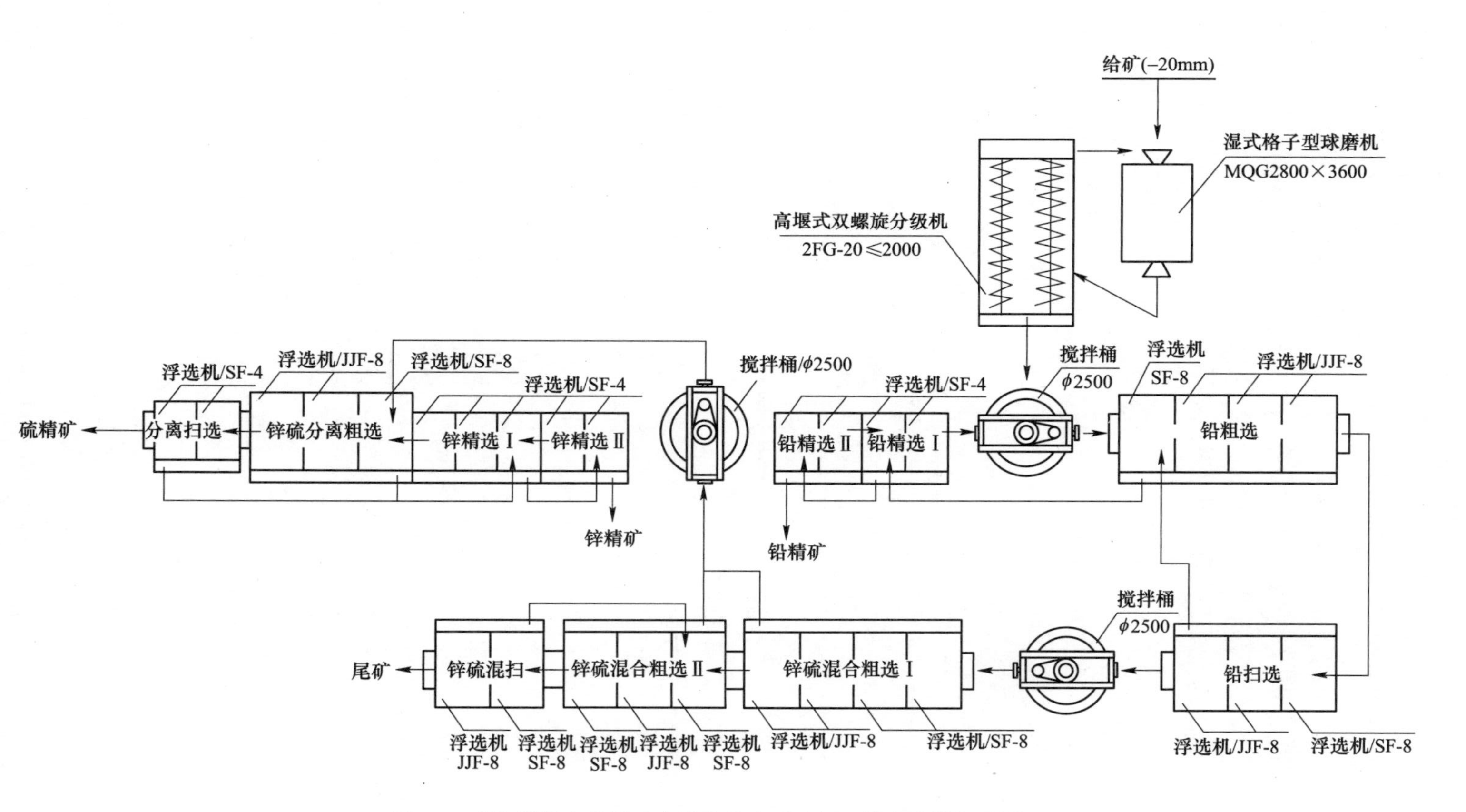

图 9-4 青海锡铁山铅锌矿高浓度分速浮选新工艺磨浮设备联系图

图 9-5 锡铁山铅锌矿高浓度浮选新工艺工业试验生产现场图

表 9-3 锡铁山铅锌矿新工艺工业试验和原工艺生产指标对比结果 (%)

工艺	产物	品位				回收率			
		Pb	Zn	$Au/g \cdot t^{-1}$	$Ag/g \cdot t^{-1}$	Pb	Zn	Au	Ag
新工艺工业试验	铅精矿	70.93	4.22	3.01	823	94.03	3.77	33.21	80.46
	锌精矿	1.08	47.55	—	—	3.19	94.18	—	—
	尾矿	0.10	0.11	—	—	2.78	2.05	—	—
	原矿	3.12	4.64	0.37	40.20	100	100	100	100
原工艺	铅精矿	74.32	6.68	2.52	864	93.82	5.49	27.64	78.56
	锌精矿	1.18	47.78	—	—	3.50	92.42	—	—
	尾矿	0.10	0.12	—	—	2.68	2.09	—	—
	原矿	3.22	4.95	0.37	43.50	100	100	100	100

表 9-4 锡铁山铅锌矿新工艺工业试验和原工艺选矿药剂用量对比结果

药剂名称	原工艺药剂用量/$g \cdot t^{-1}$	新工艺药剂用量/$g \cdot t^{-1}$	差值/$g \cdot t^{-1}$
25 号黑药	86	65	21
硫酸铜	302.63	195.71	106.92
丁黄药	208.30	130.92	77.48

由表 9-3 可知，工业试验采用高效清洁分选工艺和高浓度浮选技术处理锡铁山铅锌硫化矿石，新工艺在原矿铅锌品位相对较低的情况下获得了含铅 70.93%、金 3.01g/t、银 823g/t，铅回收率 94.03%的铅精矿，以及含锌 47.55%，锌回收

率94.18%的锌精矿。相比原工艺，铅锌及伴生金银回收率分别提高了0.21，1.76，5.57和1.90个百分点，有效实现了伴生金银选矿回收率。

由表9-4可知，新工艺中新药剂的匹配和高浓度浮选技术的应用有效降低了现场选矿药剂用量，节省了选矿成本。

9.2.2 工业应用年度生产指标

“铅锌硫化矿高浓度分速新工艺”工业试验成功后，从2016年8月起转入生产应用阶段。其中从2016年8月至2016年12月主要进行新技术的适应性试验、流程调试及连续稳定运行等工作，进一步考察验证新技术在锡铁山铅锌矿选矿系统的应用生产情况。2016年11月4日，在锡铁山年处理矿石能力为132万吨选矿厂技术升级改造项目论证会上，作为西部矿业集团有限公司选矿专业首席专家的罗仙平，在选矿主体工艺面临“原生电位调控浮选工艺”（原北京有色金属研究总院（现为有研科技集团有限公司）开发工艺，老选矿厂4号系列生产工艺）、“铅优先浮选—锌硫混合浮选—锌硫分离”（西北矿冶研究院开发工艺，老选矿厂1~3号系列生产工艺）、“铅锌硫化矿高浓度分速新工艺”3种工艺进行比较选择的情况下，根据3种工艺的生产数据比较及现场施工条件，力排众议，确定采用“铅锌硫化矿高浓度分速新工艺”作为新选矿厂主厂房设计采用的依据。新选矿厂从论证到建成，不到一年，2017年10月即建成了年处理矿石能力为132万吨的“半自磨（SAB）+铅锌硫化矿高浓度分速新工艺”选厂，1个月调试成功，进入稳定生产阶段，选矿年处理能力由老选矿厂的120万吨提升至132万吨。与原技术相比，在相同原矿品位下，新技术有效改善了铅锌硫分选条件，提高了铅锌硫分选效率，大幅降低了金属互含，提高了主金属回收率、精矿质量以及伴生金银回收率，实现了伴生金银矿物的综合回收。新工艺还具有较好的适应性，随锡铁山开采深度的增加，深部矿体中铅品位自2017年有所下降，但新工艺在稳定铅回收率的同时，锌回收率稳定在94.5%以上，创造了更好的经济效益。新工艺同时降低了选矿用水与废水产生量，减少了药剂消耗与选矿能耗，节省了选矿生产成本，环境与社会效益同样显著。西部矿业股份有限公司锡铁山分公司2014年至2021年的新工艺生产指标见表9-5。

表9-5 西部矿业股份有限公司锡铁山分公司新工艺年度生产指标

年份	处理量/t	原矿品位/%		精矿品位/%		回收率/%	
		Pb	Zn	Pb	Zn	Pb	Zn
2014	1223611	3.21	3.94	73.56	59.34	95.06	92.50
2015	1267236	3.11	4.16	78.87	46.73	95.02	92.89
2016	1267235	3.60	4.20	73.92	47.59	95.32	93.29

续表 9-5

年份	处理量/t	原矿品位/%		精矿品位/%		回收率/%	
		Pb	Zn	Pb	Zn	Pb	Zn
2017	1463330	3.12	4.13	72.96	42.42	94.21	92.42
2018	1332840	2.76	4.51	71.15	47.32	93.51	94.55
2019	1451332	2.71	4.56	72.57	47.49	93.21	95.22
2020	1436907	2.71	4.68	73.37	49.03	92.67	95.06
2021 年 1~5 月	603228	2.60	4.68	73.94	47.00	92.70	95.69

新技术工业应用于锡铁山铅锌硫化矿选矿生产后，提高了铅锌银硫矿物分选效率，降低了选别作业水耗、能耗与药耗，实现了铅锌及伴生金银矿物的清洁高效综合回收，铅锌综合回收率提高，铅锌互含大幅降低。工业生产中，新工艺以二苯胺基二硫代磷酸和二乙基二硫代氨基甲酸钠为主要成分的高效铅矿物捕收剂 LP-12 和铁闪锌矿适配抑制剂 XKY-01，实现了无石灰原浆 pH 体系铅锌硫化矿物的高效分离，提高了有用矿物分选效率。浮选浓度由 35%提高至 50%，降低了选矿水耗与能耗，吨矿水耗降低 0.73m^3、电耗降低 1kW · h；降低了选铅药剂用量，吨矿降低石灰用量 5kg、硫酸锌用量 0.4kg；提高了伴生金银回收率，铅精矿中金、银回收率分别提高 5 和 10 个百分点；以氨基官能团为活性位点的铁闪锌矿高效活化剂 XKH-01，实现了锌硫矿物高效回收，降低了选锌药剂用量，吨矿降低硫酸铜用量 0.3kg、黄药用量 0.04kg，提高了铅锌硫分选效率，硫铁矿物得到整体综合回收。

新技术成功应用于锡铁山铅锌矿选矿生产至今，与原工艺同类矿石品位相比，铅、锌主金属及伴生回收率均得到有效提高，同时选矿生产成本得到明显降低。在新工艺的支持下，西部矿业股份有限公司锡铁山分公司铅、锌、金、银等有价元素实现了高效综合回收，在资源综合利用、环境保护、清洁生产等方面都取得了较大成绩，铅锌综合回收率达 188% 以上，生产指标处于行业先进水平，助力企业建成国内一流矿山，并先后被评为青海省绿色矿山示范先进企业、国家级绿色矿山单位，获得“全国五一劳动”奖状、“全国五四红旗团支部”“有色金属行业先进集体”等荣誉。

9.3 新工艺技术评价及经济效益

铅锌硫化矿高浓度分速浮选新技术，经有色金属业科技查新中心查新，新技术的创新性与先进性在目前国内外专利及文献中均未见报道。项目团队通过对铅锌硫化矿资源的高效利用进行系列攻关研究，首创了“铅锌硫化矿高浓度分速浮选新技术集成”，实现了新技术的工业化应用，为实现金属矿产资源高效回收、节能减排、降低环境污染提供了技术支撑和工程示范。与国内外同类技术比较，新工艺竞争优势明显。新工艺发现了粒度对铅锌硫化矿物浮选速度的影响规律，发明了铅锌硫化矿分速浮选新技术；发现了高浓度浮选时气泡对疏水颗粒的“哄抬”效应，发明了对铅锌硫化矿高浓度浮选工艺，突破了传统浮选工艺将浮选浓度定为35%~42%的局限，将浮选浓度提高到50%左右，减少了浮选设备，降低了能耗、水耗及药剂用量，提高了铅锌硫银矿物的分选效率；开发了对铅银矿物具有高选择捕收能力的LP-02 捕收剂，实现了低碱介质中铅银矿物的高效回收。新工艺有效解决了复杂铅锌硫化矿浮选分离中精矿铅锌互含高，铅精矿中银回收率低，选矿能耗高和回水利用率低等问题。新工艺中高浓度分速浮选技术达到国际领先水平，具有良好的推广应用前景。

南京银茂铅锌矿和青海锡铁山铅锌矿是新技术研发和成果的应用单位。新技术成果成功应用于南京银茂铅锌矿选矿厂生产，与历年同等原矿品位相比，铅锌银选矿回收率较原工艺分别提高了 3、3 和 4 个百分点，处理每吨矿石电耗降低了 10. 5kW · h、浮选药剂成本降低了 9. 92 元（2018 年技术数据）；每日选矿用水和废水量减少 3000t，所用药剂清洁高效，有利于绿色矿山建设，所产铅银精矿和硫精矿被江苏省科学技术厅认定为“高新技术产品”；新工艺应用以来，2016~2018 年为公司新增利润累计 13845. 10 万元，新增税收累计 2224. 39 万元，节约选矿成本累计 3547. 48 万元，经济效益显著。锡铁山铅锌矿应用新工艺以来，2016~2018 年为公司新增利润累计 27543. 91 万元，新增税收累计 4288. 95 万元，节约选矿成本累计 7939. 73 万元，经济效益显著。

铅锌硫化矿高浓度分速浮选新工艺的研究与应用，取得了良好的社会、环境、经济效益，该技术先后获得了 2017 年度江西省科学技术进步奖一等奖、2018 年度中国有色金属工业科学技术奖一等奖、2020 年度青海省科技进步奖一等奖和第十届中国技术市场协会金桥奖。

参 考 文 献

[1] 艾凯数据研究中心 . 2010—2015 年铅锌矿产业市场深度分析及发展前景预测报告 [R]. 2015.

[2] 张长青，芮宗瑶，陈毓川，等 . 中国铅锌矿资源潜力和主要战略接续区 [J]. 中国地质，2013，40（1）：248-272.

[3] 刘晓，张宇，王楠，等 . 我国铅锌矿资源现状及其发展对策研究 [J]. 中国矿业，2015，24（S1）：6-9.

[4] 张长青，吴越，王登红 . 中国铅锌矿床成矿规律概要 [J]. 地质学报，2014，88（12）：2253-2268.

[5] Gu G H，Liu R Y. Original potential flotation technology for sulfide minerals [J]. Trans. Nonferrous. Met. Soc. China.，2000，10（6）：76-79.

[6] 顾帼华，王淀佐，刘如意，等 . 硫化矿电位调控浮选及原生电位浮选技术 [J]. 有色金属，2000，52（2）：18-21.

[7] 顾帼华，胡岳华，徐竞，等 . 方铅矿原生电位浮选及应用 [J]. 矿冶工程，2002，22（4）：30-32.

[8] 顾帼华 . 硫化矿磨矿浮选体系中的氧化还原反应与原生电位浮选 [D]. 长沙：中南工业大学，1998.

[9] 郑伦，张笃 . 电位调控浮选在凡口铅锌矿的应用 [J]. 中国矿山工程，2005，34（2）：1-4，8.

[10] 陈家栋，邓敬石 . 富含铜、铅离子铅锌矿浮选研究 [J]. 云南冶金，2001，30（4）：8-11.

[11] 王淑红，孙永峰 . 辽宁某铅锌矿选矿工艺研究 [J]. 有色金属（选矿部分），2014（1）：17-20.

[12] 熊文良，童雄 . 云南铅锌选矿存在的问题与对策 [J]. 国外金属矿选矿，2003（8）：9-14.

[13] 朱宾，陆智 . 广西某铅锌矿优先浮选实验研究 [J]. 中国矿业，2013，22（3）：80-82.

[14] 邱廷省，罗仙平，陈卫华，等 . 提高会东铅锌矿选矿指标的试验研究 [J]. 金属矿山，2004（9）：34-36.

[15] 罗仙平，王淀佐，孙体昌，等 . 某铜铅锌多金属硫化矿电位调控浮选试验研究 [J]. 金属矿山，2006（6）：30-34.

[16] 董明传，陈建民，兰桂密 . 车河选矿厂硫化矿分离的新工艺研究与应用 [J]. 有色金属（选矿部分），2005（3）：13-16.

[17] 王吉坤，周廷熙，吴锦梅 . 高铁闪锌矿精矿加压酸浸新工艺研究 [J]. 有色金属（冶炼部分），2005（1）：5-8.

[18] 王吉坤，周廷熙，吴锦梅 . 高铁闪锌矿精矿加压浸出半工业试验研究 [J]. 中国工程科学，2005，7（1）：60-64.

[19] 童雄，周庆华，何剑，等 . 铁闪锌矿的选矿研究概况 [J]. 金属矿山，2006，7（6）：8-12.

[20] 邓海波．高锰酸钾对铁闪锌矿浮选行为的影响［J］．江西有色金属，1990（3）：18-20.

[21] 冷崇燕，张文彬．铵盐对铁闪锌矿浮选的活化作用［J］．国外金属矿选矿，1998（8）：20-21.

[22] 蓝方钊，陈良，周成斌．硫酸锌和氯化铵在铅锌分离中的作用［J］．有色金属（选矿部分），1991（1）：41-42.

[23] 罗仙平，严群，聂光华，等．含铁闪锌矿的锌矿石选矿试验研究［J］．四川有色金属，2002（3）：37-40.

[24] 魏盛甲．铁闪锌矿与黄铁矿的分离技术进展［J］．有色金属（选矿部分），2001（1）：1-4.

[25] 黎鸿冰．铁闪锌矿与毒砂、黄铁矿浮选分离研究［J］．有色金属（选矿部分），1991（4）：42.

[26] 胡喜贞．提高铁闪锌矿选矿指标的实践［J］．广西冶金，1992（2）：18-25.

[27] 赵纯禄，李凤楼，王国德，等．铁闪锌矿与黄铁矿浮选分离工艺及工业实践［J］．有色金属（选矿部分），1990（4）：9-12.

[28] Boulton A，Fornasiero D，Ralston J. Depression of iron sulphide flotation in zinc roughers［J］. Minerals Engineering，2001，14（9）：1067-1079.

[29] Boulton A，Fornasiero D，Ralston J. Effect of iron content in sphalerite on flotation［J］. Minerals Engineering，2005，18（11）：1120-1122.

[30] 胡熙庚．有色金属硫化矿选矿［M］．北京：冶金工业出版社，1987.

[31] 胡为柏．浮选［M］. 2 版．北京：冶金工业出版社，1989.

[32] 张维佳，曹文红，卢冀伟．内蒙古某混合铅锌矿石优先浮选试验研究［J］．有色金属（选矿部分），2012（3）：25-27.

[33] 邓海波，许时．脆硫锑铅矿的浮选机理和与铁闪锌矿的分离［J］．有色金属（选矿部分），1990（6）：15-18.

[34] Glembotsky A V，Glinkin V A，Seregin V P，et al. Research in interaction between low-molecular organic depressants of dialkyldithioncarbamates with sulphide minerals［J］. Tsvetnaya metallurgia，1993（8）：13-15.

[35] Glembotsky A V，Glinkin V A，Seregin V P，et al. The replacement of cyanide by a new organic depressant in selective flotation of polymetallic lead-zinc-silver ores［C］. In：Proceedings of the XIX IMPC-Aachen，1995：205-207.

[36] Bonnissel-Gissinger P，Alnot M，Ehrhardt J，et al. Surface oxidation of pyrite as a function of pH［J］. Environmental Science and Technology，1998，32：2839-2845.

[37] Richardson P E，Chen Z，Tao D P，et al. Electrochemical control of pyrite-activation by copper［J］. Proc. Electrochem. Mineral and Metal Processing Ⅳ. Ed. Wood R，Doyle F M and Richardson P E. The Electrochemical Society，Pennington，NJ，1996，4：179-190.

[38] 王淀佐，林强．选矿与冶金药剂分子设计［M］．长沙：中南工业大学出版社，1996.

[39] 覃文庆．硫化矿物颗粒的电化学行为和电位调控浮选技术［D］．长沙：中南工业大学，1997.

[40] Fuerstenau D W. The froth flotation century［C］. In：Parekh B K，Miller J D edited. Advances

in Flotation Technology. Canada：Society for Mining，Metallurgy and Exploration，Inc. Press，1999：3-21.

[41] 黎维中．难处理铅锌银硫化矿物资源综合回收的研究与实践［D］．长沙：中南大学，2007.

[42] 池金屏，车申，刘金艳，等．金东铅锌矿原生电位浮选工业试验研究［J］．有色金属（选矿部分），2015（5）：16-19.

[43] 甘永刚．某难处理铅锌矿原生电位调控浮选试验研究［J］．中国矿山工程，2015，44（1）：1-6.

[44] Klimpel R R. A review of sulfide mineral collector practice［C］. In：Parekh B K，Miller J D edited. Advances in Flotation Technology. Canada：Society for Mining，Metallurgy and Exploration，Inc. Press，1999：115-127.

[45] Fuerstenau M C . Flotation［M］. New York：American Institute of Mining，Metallurgical and Petroleum Engineering Inc.，1976：334-357.

[46] Sutherland K L，Wark I W. Principles of flotation［J］. Australian Institute of Mining and Metallurgy. Inc. Press，Melbouren，1955.

[47] 孙水裕．硫化矿浮选的电化学调控及无捕收剂浮选［D］．长沙：中南工业大学，1990.

[48] 孙伟．高碱石灰介质中电位调控浮选技术原理与应用［D］．长沙：中南大学，2001.

[49] 李凤楼，马赛夫斯基 G N，沃国经，等．电化学控制浮选在西林铅锌矿的应用［J］．矿冶，1995，4（3）：26-31.

[50] 缪建成，王方汉，刘如意，等．南京铅锌银矿电位调控浮选的研究与应用［J］．有色金属（选矿部分），2000：5-8.

[51] 孙水裕，刘如意．电位调控浮选技术选别南京铅锌银矿的实验室研究与生产实践［J］．广东工业大学学报，2000，17（3）：1-5.

[52] Liu R Y，Sun S Y，Gu G H. Development in selective flotation of galena from lead-zinc-iron sulfide ores in China［J］. Trans. Nonferrous. Met. Soc. China，2000，10（6）：49-55.

[53] 王淀佐，卢寿慈，陈清如，等．矿物加工学［M］．徐州：中国矿业大学出版社，2003.

[54] 王淀佐．矿物浮选与浮选剂［M］．长沙：中南工业大学出版社，1986.

[55] 王淀佐．浮选理论的新进展［M］．北京：科学出版社，1992.

[56] Wood R，顾帽华，章顺力，等．硫化矿浮选的电化学［J］．国外金属矿选矿，1993，30（4）：1-28.

[57] 刘斌，罗仙平，鲍洁艳．电化学处理的理论与实践［J］．南方冶金学院学报，1998（Suppl.）：37-40.

[58] 俞瑞．电化学处理在选矿工艺中的应用［J］．国外金属矿选矿，1996，33（10）：1-7.

[59] Heyes G W，Trahar W J. The natural flotability of chalcopyrite［J］. Int. J. Miner. Process，1977，4（4）：317-344.

[60] Gardner J R，Woods R. An electrochemical investigation of the natural flotability of chalcopyrite［J］. Int. J. Miner. Process，1979，6（1）：1-16.

[61] Hamilton I C，Woods R. A voltammetric study of the surface oxidation of sulfide minerals［C］. In：Richardson P E edited. Electrochemistry in Mineral and Metal Processing. Inc NJ.，

1984：159-286.

[62] Buckley A N，Woods R. Investigation of the surface oxidation of sulfide mineral via ESCA and electrochemical techniques [C]. In：Yayar B，Spotliswood D J edited. Interfacial Phenomena in Mineral Processing，1982：3-17.

[63] Lutterd G H，Yoon R H. Surface chemistry of collectorless flotation of chalcopyrite [C]. In：Proceedings of the 112th SME-AIME Annual Meeting. Atlanta，1983：83-106.

[64] Buckley A N. The surface oxidation of cobalita [C]. In：extended abstracts 2nd inter. symposium on analytical chemistry in the exploration，mining and processing of minerals. Pretoria，South Africa，1985：81-90.

[65] Glazunov L A. Increasing the effectiveness of mineral floation by the formation of elemental sulfur on their surface [J]. Tevet. Met.，1996 (6)：86-90.

[66] Findelstein N P，Goold L A. The reation of sulfide minerals with thiol compounds [J]. National Institute of Metallurgy. South Africa Report，1992：1439-1443.

[67] Zhuo Chen，Roe-hoan Yoon. Electrochemistry of copper activatiation of sphalerite at pH 9.2 [J]. Int. J. Miner. Process.，2000，58：57-66.

[68] Morey M S，Grano S R，Ralston J，et al. The electrochemistry of Pb^{2+} activated sphalerite in relation to flotation [J]. Int. J. Miner. Process.，2001，59：1009-1017.

[69] Gu G H，Hu Y H，Qiu G Z，et al. Electrochemistry of sphalerite activated by Cu^{2+} ion [J]. Trans. Nonferrous Met. Soe. China.，2000 (10)：64-67.

[70] Young C A，Woods R，Yoon R H. A voltammetric study of chalcocite oxidization to metastable copper sulfides [C]. In：Richardson P E，R. Proc. Int. Symp. Electrochemistry in Mineral and Metal Processing Ⅱ. Pennington：Electrochem. Soc.，1988：3-17.

[71] 余润兰，邱冠周. Cu^{2+}活化铁闪锌矿的电化学 [J]. 金属矿山，2004 (2)：35-40.

[72] Lowson R T. Aqueous oxidation of pyrite by molecular oxygen [J]. Chem. Rev.，1982，82 (5)：461-497.

[73] Mishra K K，Osseo-Asare K. Aspects of the interface electrochemistry of semiconductor pyrite [J]. J. Electroehem. Soc.，1988，135 (10)：2502-2509.

[74] Woods R，Yoon R H，Young C A. E_h-pH diagrams for stable and metastable phases in the copper-sulfur-water system [J]. Int. J. Miner. Process，1987，20：109-120.

[75] Eigillani D A，Fuersenau M C. Mechanism involved in eyanide depression of prite [J]. Trans. Amer. Inst. Min. Metall. Petrol. Enars.，1968 (241)：437-445.

[76] Castro S，Larrondo J. An electrochemical study of depression of flotation of chalcoprite by cyanide and iron-cynide [J]. J. Ebectroaal. Chem.，1981 (118)：317-326.

[77] 卢寿慈. 矿物浮选原理 [M]. 北京：冶金工业出版社，2001：70-75.

[78] 陈建华. 电化学浮选能带理论及其在有机抑制剂研究中的应用 [D]. 长沙：中南工业大学，1999.

[79] 冯其明，陈荩. 硫化矿物浮选电化学 [M]. 长沙：中南工业大学出版社，1992：1-2，84-85，77-79，154-158.

[80] 克拉克 D W，崔洪山，李长根，等. 通过充氮和硫化调浆来提高硫化铜矿物浮选回收率

[J]. 国外金属矿选矿，2000，12：10-14.

[81] Martin C J，Rao S R，Finch J A，et al. Complex sulphide ore processing with pyrite flotation by nitrogen [J]. Int. J. Miner. Process，1989，26（1-2）：95-110.

[82] Woods R. The oxidation of ethy-xanthate to the mechanism of mineral flotation [J]. J. Phs. Chem.，1971，75（3）：354-362.

[83] 胡庆春．方铅矿-毒砂浮选分离的电化学 [D]. 长沙：中南工业大学，1988：1-10.

[84] Gardner J R，Woods R. An electrochemical investigation of the natural floatability of chalcopyrite [J]. Int. J. Miner. Process.，1979（6）：1-16.

[85] 冯其明，陈荩．硫化矿物浮选电化学 [M]．长沙：中南工业大学出版社，1992.

[86] 冯其明．硫化矿物浮选矿浆电化学理论和工艺研究 [D]. 长沙：中南工业大学，1990.

[87] Buckley A N，Woods R. Chemisorption——the thermodynamically favored process in the interaction of thiol collectors with sulfide minerals [J]. Int. J. Miner. Process.，1997，51（1-4）：15-26.

[88] Aloson F N，Trevino T P. Pulp potential control in flotation [J]. The Metallurgical Quarterly，2002，41（4）：391-398.

[89] Mielezarski J A. Reply to comment on "In situ and ex situ infrared studies of nature and structure of thiol layers adsorbed on cuprous sulfide at controlled potential. Simulation and experimental results"[J]. Langmuir，1997，13：878-880.

[90] Lippinen I O，Basilio C I，Yoon R H. FTIR study thiocarbamate adsorption on sulfide minerals [J]. Colloids and surfaces，1998，32：113-125.

[91] Buckly S N，Woods R. An X-ray photoelectron spectroscopic study of the oxidization of Galena [J]. Appl. Surf. Sci.，1984，17：401-404.

[92] Buckley A N. A survey of the application of X-ray photoelectron spectroscopy to flotation reseach [J]. Colloids Surf.，1994，93：159-172.

[93] Kartio I J，Basilio C I，Yoon R H. An XPS study of sphalerite activation by copper [C]. In：Woods R，Doyle F，Richardson P E（Eds），Electrochemistry in Mineral and Metal Processing Ⅳ. The electrochemical Society，1996：25-34.

[94] Buckley A N，Woods R，Wouterlood H J. An XPS investigation of the surface of natural sphalerites under flotation-related conditions [J]. Int. J. Miner. Process.，1989，26：29-49.

[95] Kelsall G H，Yin Q，Vaughan D J，et al. Electrpcjemical oxidation of pyrite in acidic aqueous electrolytes [C]. In：proceeding 4th International Symposium on electrochemistry in mineral and metal processing. Electrochemical Society，1996，96：131-142.

[96] Nagaraj D R，Brinen J S. SIMS study adsorption of collectors on pyrite [J]. Int. J. Miner. Process.，2001，63：45-47.

[97] O'Dea A R，Prince K E，Smart R S C，et al. Secondary ion mass spectrometry investigation of the interaction of xanthate with galena [J]. Int. J. Miner. Process.，2001，61：121-143.

[98] Laajalehto K，Smart R St C，Ralston J，et al. STM and XPS investigation of reaction of galena in air [J]. Appl. Surf. Scil，1993，64（1）：29-39.

[99] Costa M C，Botelho do Rego A M，Abrants L M. Characterization of a natural and an electro-oxi-

dized arsenopyrite: a study on electrochemical and X-ray photoelectron spectroscopy [J]. Int. J. Miner. Process., 2002, 65: 83-108.

[100] Woods R, Hope G A, Watling K. Surface enhanced Raman scattering spectroscopic studies of the adsorption of flotation collectors [J]. Minerals Engineering, 2000, 13 (4): 345-356.

[101] 王金庆. 锡铁山铅锌硫化矿高效选矿工艺及分选机理研究 [D]. 赣州: 江西理工大学, 2017.

[102] 夏青, 岳涛. 浮选动力学研究进展 [J]. 有色金属科学与工程, 2012 (2): 46-51.

[103] 丁立辛. 浮选的理论和实践 [M]. 北京: 煤炭工业出版社, 1988.

[104] 陈湘清, 胡秋云, 陈兴华, 等. 一种铝土矿浮选的方法: 201110166649.7 [P]. 2011-06-21.

[105] 刘勇. 高浓度技术提高铅选矿指标的工艺研究 [J]. 四川有色金属, 2017 (4): 35-38.

[106] 张庆丰. 赤铁矿石高浓度反浮选工艺: 201110370063.2 [P]. 2011-11-21.

[107] 赵明福. 一种铜钼混合精矿粗选高浓度分离浮选工艺: 201310517040.9 [P]. 2013-10-28.

[108] 沈卫卫, 赵业雄, 李峰. 乌拉根铅锌矿选矿工艺优化和生产实践 [J]. 中国矿业, 2016, 25 (3): 112-116.

[109] 迟永欣. 浮选作业浓度对锌选矿回收率的影响分析 [J]. 科技风, 2011 (18): 121.

[110] Brillas E, Cabot P L, Garrido, et al. Faradic impedance behavior of oxidized and reduced poly (2, 5-di-(-2-thieny1)-thiophene) films [J]. Journal of Electroanalytical Chemistry, 1997, 430: 133-140.

[111] Ren X M, Pickup P G. An impedance study of electron transport and electron transfer in composite polypyrrole + polystyrenesulphonate films [J]. Journal of Electroanalytical Chemistry, 1997, 420: 251-257.

[112] Patolsky F, Zayats M, Katz E, et al. Precipitation of an insoluble product on enzyme monolayer electrodes for biosensor applications: characterization by faradic impedance spectroscopy, cyclic voltammetry, and microgravimetric quartz crystal microbalance analyses [J]. Anal. Chem., 1999, 71: 3171-3180.

[113] 丁敦煌. 硫化矿物的表面结构和表面电荷及无捕收剂浮选 [J]. 中国有色金属学报, 1994, 4 (3): 35-40.

[114] Qiu G Z, Hu Y H, Qin W Q. Internation workshop on electrochemistry of flotation of sulfide minerals-honoring professor Wang Dianzuo for his 50 years working at mineral processing [J]. Transaction of Nonferrous Metals Society of China, 2000, 10 (special Issue).

[115] Gu G H, Hu Y H, Wang H, et al. Original potential flotation of galena and its industrial application [J]. J. Cent. South Univ. Technol., 2002, 9 (2): 91-94.

[116] 顾帼华, 刘如意, 王淀佐. 提高北山铅锌矿选矿指标的电位调控浮选研究 [J]. 矿冶工程, 1997, 17 (3): 27-31.

[117] 赵永红, 谢明辉, 罗仙平. 去除水中黄药的试验研究 [J]. 金属矿山, 2006 (6): 75-77.

[118] 顾帼华, 王淀佐, 刘如意. 硫酸铜活化闪锌矿的电化学机理 [J]. 中南工业大学学报,

1999, 30 (4): 374-377.

[119] Finkelstein N P, Allison S A. The chemistry of activation, daactivation and depression in the flotation of zinc sulfide: a review [C]. In: Fuerstenau M C (Ed.), Flotation: Gaudin A M Memorial Volume, New York: American Institute of Mining, Metallurgical and Petroleum Engineering, 1976: 414-451.

[120] Fuerstenau D M. Activation in the flotation of sulphide minerals [C]. In: King R P (Ed.), Principles of Flotation. Johannesburg: South African Institute of Mining and Metallurgy, 1982: 183-199.

[121] Laskowski J S, Liu Q, Zhan Y. Sphalerite activation: flotation and electrokinetic studies [J]. Minerals Engineering, 1997, 10 (8): 787-802.

[122] Finkelstein N P. The activation of sulphide minerals for flotation: a review [J]. Int. J. Miner. Process., 1997, 52 (1-2): 81-120.

[123] Finkelstein N P. Addendum to: the activation of sulphide minerals for flotation: a review [J]. Int. J. Miner. Process., 1999, 55: 283-286.

[124] Rey M, Formanek V. Some factors affecting selectivity in the differential flotation of lead-zinc ores, particularly the presence of oxidized lead minerals [J]. Proceedings of the Ⅴth International Mineral Processing Congress. London: IMM, 1960: 343-354.

[125] Houot R, Ravenau P. Activation of sphalerite flotation in the presence of lead ions [J]. Int. J. Miner. Process., 1992, 35: 253-271.

[126] 黄军, 吴师金. 江西某铅锌矿选矿试验研究 [J]. 有色金属 (选矿部分), 2015 (2): 20-24.

[127] 王银东, 冯晓燕, 尹明水. 新疆某低品位铅锌矿选矿试验研究 [J]. 有色金属 (选矿部分), 2014 (2): 9-11.

[128] 梁溢强, 张曙光, 严小陵. 大兴安岭铅锌矿混合浮选工艺试验研究 [J]. 云南冶金, 2009, 38 (5): 14-18.

[129] 王美娇, 陈志文, 梁秀霞, 等. 难选火烧硫化矿铅锌分离试验研究 [J]. 大众科技, 2012 (1): 130-132.

[130] 郑伦, 刘运才, 王建安. 广东某铅锌矿选矿试验 [J]. 现代矿业, 2014, 30 (8): 42-44.

[131] 曹飞, 吕良, 李文军, 等. 豫西某难选铅锌矿选矿试验研究 [J]. 矿冶工程, 2013 (6): 36-37, 41.

[132] 何丽萍, 罗仙平, 付丹, 等. 浮选作业浓度对锌选矿回收率的影响 [J]. 有色金属 (选矿部分), 2009 (1): 1-3.

[133] 罗仙平, 苟世荣, 周贺鹏, 等. 复杂铅锌硫化矿高浓度分速浮选新技术集成与产业化 [Z]. 江西理工大学: 2014-04-21.

[134] 何丽萍. 铜铅锌硫化矿浮选动力学研究 [D]. 赣州: 江西理工大学, 2008.

[135] 卢寿慈. 粗粒浮选理论、工艺及设备 [J]. 国外金属矿选矿, 1982 (10): 47-53.

[136] 徐虎彪, 王成师, 杨润全, 等. 煤颗粒密度和粒度及浓度对浮选效果的影响研究 [J]. 选煤技术, 2013 (1): 1-4, 8.

[137] Luo X P, Feng B, Wong C J, et al. The critical importance of pulp concentration on the flotation of galena from a low grade lead-zinc sulfide ore [J]. Journal of Materials Research and Technology, 2016, 5 (2): 131-135.
[138] 杨建. 利用高浓度浮选提高技术指标的工艺研究与实践 [J]. 有色金属（选矿部分），2014 (1): 48-51, 79.
[139] 郑卫民，张庆丰，唐强. 司家营铁矿高浓度浮选研究与实践 [J]. 现代矿业，2011, 27 (4): 35-36.
[140] 牌洪坤，亓传铎，王建平，等. 高浓度载体浮选工艺提高磨浮处理能力的试验研究与技术改造 [J]. 黄金，2014, 35 (10): 56-60.
[141] 姚明钊，李强，张跃军，等. 高浓度浮选技术的发展与应用 [J]. 现代矿业，2016, 32 (4): 75-77, 81.
[142] 罗仙平，邱廷省，严志明，等. 会理锌矿铅锌浮选分离新工艺研究 [J]. 有色金属（选矿部分），2002 (3): 1-4.
[143] 罗仙平，邱廷省，胡玖林，等. 某复杂铅锌硫化矿选矿工艺试验研究 [J]. 有色金属（选矿部分），2003 (4): 1-3, 27.
[144] 罗仙平，王淀佐，孙体昌. 会理难选铅锌矿石电位调控抑锌浮铅优先浮选新工艺 [J]. 有色金属，2006, 58 (3): 94-98.
[145] 罗仙平，程琍琍，胡敏，等. 安徽新桥铅锌矿石电位调控浮选工艺研究 [J]. 金属矿山，2008 (2): 61-65.
[146] 罗仙平，王淀佐，孙体昌，等. 难选铅锌矿石清洁选矿新工艺小型试验研究 [J]. 江西理工大学学报，2006, 27 (4): 4-7.
[147] 罗仙平，严群，谢明辉，等. 某氧化铅锌矿浮选工艺试验研究 [J]. 有色金属（选矿部分），2005 (1): 6-10.
[148] 罗仙平，付丹，吕中海，等. 捕收剂在硫化矿物表面吸附机理的研究进展 [J]. 江西理工大学学报，2009 (5): 5-9, 28.
[149] 罗仙平，王金庆，曹志明，等. 浮选粒度及浓度对铅锌硫化矿浮选分离的影响 [J]. 稀有金属，2018, 42 (3): 307-314.
[150] 黄和平，罗仙平，翁存建，等. 四川会东某铅锌矿石选矿工艺优化研究 [J]. 金属矿山，2017 (7): 101-105.
[151] 罗仙平，周贺鹏，周跃，等. 提高某复杂铅锌矿伴生银选矿指标新工艺研究 [J]. 矿冶工程，2011, 31 (3): 35-39.
[152] 罗仙平，陈晓明，钱有军，等. 江西某铅锌银多金属硫化矿石选矿工艺研究 [J]. 金属矿山，2012 (12): 57-61.
[153] 罗仙平，杜显彦，赵云翔，等. 内蒙古某低品位难选铅锌矿石选矿工艺研究 [J]. 金属矿山，2013 (10): 58-62.
[154] 罗仙平，张建超，钱有军，等. 南京铅锌银矿铅精矿中铜的浮选分离试验 [J]. 金属矿山，2012 (6): 75-78.
[155] 罗仙平，陈胜虎，王方汉，等. 南京栖霞山铅锌银矿深部矿石工艺矿物学研究 [J]. 金属矿山，2010 (6): 90-95, 100.

[156] 王金庆，严群，曹志明，等．锡铁山铅锌矿选矿工艺沿革评述［J］. 金属矿山，2017（2）：76-80.

[157] 罗仙平，王金庆，陈志勇，等．锡铁山深部铅锌矿石工艺矿物学特征及其浮选性能［J］. 有色金属工程，2017，7（2）：64-69.

[158] 洪生，杜增吉．MATLAB7.2 优化设计实例指导教程［M］. 北京：机械工业出版社，2006.

[159] 李贤国，张明旭．MATLAB 与选煤/选矿数据处理［M］. 徐州：中国矿业大学出版社，2005.

[160] 程怀德，马海州．钾盐选矿中浮选浓度对浮选影响评价研究［J］. 盐业与化工，2010，39（6）：1-3，6.

[161] 刘春，佟连恒．合理调整浮选矿浆浓度提高铅锌选矿回收率［J］. 有色金属（冶炼部分），1966（4）：52.

[162] 罗仙平，王金庆，翁存建，等．锡铁山深部铅锌矿石高效分选与综合回收新工艺［J］. 稀有金属，2018（7）：756-764.

[163] 沙玄阳，李世纯，魏盛甲，等．锡铁山铅锌矿磨矿-分级系统改造实践［J］. 现代矿业，2018（10）：126-127.

[164] 罗仙平，王金庆，赖春华，等．一种微细粒难选铁闪锌矿的浮选方法：201710633141.0［P］. 2017-07-28.

[165] 罗仙平，王金庆，王训青，等．一种含铁闪锌矿、磁黄铁矿微细粒嵌布型铅锌硫化矿选矿方法：201710631148.9［P］. 2017-07-28.

[166] 罗仙平，王金庆，翁存建，等．一种高浓度环境下高硫铅锌矿浮选分离工艺：201711313393.1［P］. 2017-12-12.

[167] 缪建成，陈如凤，马斌，等．一种高浓度高效铅锌选矿工艺方法：202010470153.8［P］. 2020-05-28.

索 引

作者简介

缪建成，1964年生，江苏如东人，选矿研究员级高工，南京银茂铅锌矿业有限公司副总经理，南京市化工系列高级职称评审主任委员。

一直从事矿山选矿和环保技术的研究及应用工作。曾获国家科技进步奖二等奖1项，省部级科技进步奖一等奖1项、二等奖3项，南京市科技进步奖一等奖2项，中国有色金属工业科技进步奖一等奖5项，获授权发明专利9项。先后入选“南京市中青年拔尖人才”、江苏省“333高层次人才培养工程”中青年科学技术带头人、南京市院士结对培养对象。

王金庆，1991年生，江西九江人，工学硕士，黑龙江多宝山铜业股份有限公司总调度长兼选矿厂常务副厂长，曾在西部矿业集团有限公司担任选矿工程师。

主要从事铜铅锌有色金属矿选矿技术开发、生产管理和大型选矿厂建设调试等方面的工作，在生产现场开展了大量的选矿技术理论与实践研究，实现了多项选矿技术工程转化。曾获中国有色金属工业科学技术奖一等奖2项，获授权发明专利10项、实用新型专利4项。获黑龙江嫩江市杰出青年、紫金矿业集团二等功等荣誉。

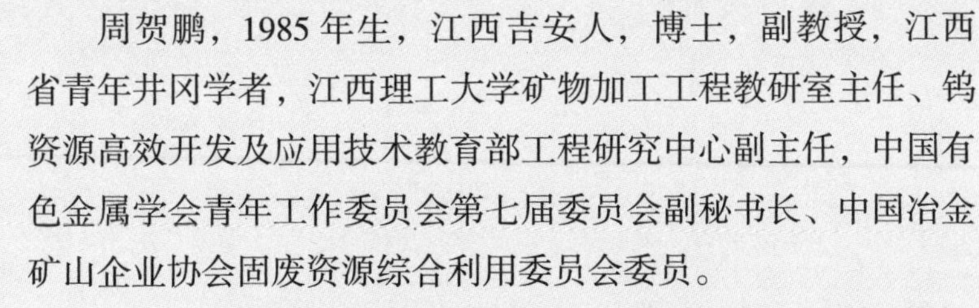

周贺鹏，1985年生，江西吉安人，博士，副教授，江西省青年井冈学者，江西理工大学矿物加工工程教研室主任、钨资源高效开发及应用技术教育部工程研究中心副主任，中国有色金属学会青年工作委员会第七届委员会副秘书长、中国冶金矿山企业协会固废资源综合利用委员会委员。

主要从事资源与环境领域的教学和科学研究。主持国家自然科学基金资助项目3项、国家重点研发计划课题1项，青海省重大科技专项课题、江西省重点研发计划等省部级项目7项。获国家教学成果二等奖1项，江西省科技进步奖一等奖、青海省科技进步奖一等奖、中国有色金属工业科技奖一等奖各1项，其他省部级科技奖7项，获授权发明专利15项，实用新型专利2项。